紫花苜蓿
空间诱变研究及其应用

任卫波　孔令琪　武自念 / 著

中国农业科学技术出版社

图书在版编目（CIP）数据

紫花苜蓿空间诱变研究及其应用 / 任卫波，孔令琪，武自念著 . — 北京：中国农业科学技术出版社，2017.9
ISBN 978-5116-2899-2

Ⅰ . ①紫… Ⅱ . ①任… ②孔… ③武… Ⅲ . ①紫花苜蓿—诱变育种—研究 Ⅳ . ① S541.035.2

中国版本图书馆 CIP 数据核字（2016）第 311862 号

责任编辑　李冠桥
责任校对　马广洋

出 版 者　中国农业科学技术出版社
　　　　　北京市中关村南大街 12 号　邮编：100081
电　　话　（010）82109705（编辑室）（010）82109704（发行部）
　　　　　（010）82109709（读者服务部）
传　　真　（010）82106625
网　　址　http：//www.castp.cn
经 销 者　各地新华书店
印 刷 者　北京科信印刷有限公司
开　　本　710mm×1 000mm　1 /16
印　　张　11.25
字　　数　190 千字
版　　次　2017 年 9 月第 1 版　2017 年 9 月第 1 次印刷
定　　价　35.00 元

资助项目

国家自然科学基金项目"紫花苜蓿空间诱变多分枝突变体遗传分析与基因定位研究"（31201846）；

国家科技支撑计划课题"重点牧区草原'生产生态生活'配套保障技术及适应性管理模式研究"（2012BAD13B07）；

中国农业科学院科技创新工程草种质资源与育种团队；

中央公益性科研机构基本科研业务费项目（中国农业科学院草原研究所）（1610332011005）。

《紫花苜蓿空间诱变研究及其应用》
著者名单

主　著　任卫波　孔令琪　武自念

参　著　张继泽　解继红　李西良　王照兰　郭慧琴
　　　　胡宁宁　臧　辉　常　春　赵海霞　胡海红

前　言

空间诱变是近 20 年来新兴的诱变技术和方法，因其具有变异频率高、变异幅度大、且可获得地面难以获得的突变体等特点，并在重要作物和经济植物育种中得到广泛应用，展现出广阔的发展前景。

我国的紫花苜蓿空间诱变研究工作始于 1994 年，在国家科技支撑计划、国家自然基金、中央公益性科研机构基本科研业务费、中国农业科学院科技创新工程、内蒙古自然科学基金等各类项目的大力支持下，取得了长足的发展，并在搭载苜蓿材料选择、诱变方法、诱变机理、有益突变体鉴定筛选及新品种选育等方面成效显著。本书旨在系统梳理我国在紫花苜蓿空间诱变方面取得的成就，总结前期经验和不足，分析未来的发展趋势，对今后从事紫花苜蓿空间诱变研究及应用工作的相关人员具有参考价值。

全书共 8 章。第一章介绍了空间诱变的主要因素、诱变的基本特点及其在植物育种中的应用情况。第二章围绕紫花苜蓿种子种皮结构、生化组分、种子萌发能力及其活力等方面，详细介绍了空间诱变对紫花苜蓿种子的影响。第三章从紫花苜蓿植株个体株高、茎粗、分枝数、生物量、营养品质、抗逆性等入手，阐述了空间诱变对紫花苜蓿重要农艺性状的影响及其遗传规律。第四、第五、第六章分别从细胞学效应、生理生化特征、遗传多样性及表观遗传特征等 4 个层面系统阐释了紫花苜蓿空间诱变变异产生的机理机制。第七章介绍了空间诱变在紫花苜蓿新品种选育中的应用情况。第八章分析了当前紫花苜蓿空间诱变研究存在的关键问题，并对该领域未来的研究热点和趋势进行预测分析。

本书在撰写过程中参阅了大量的文献资料，并选用了部分图表和结果，在此向相关作者致以诚挚的谢意。

鉴于成书时间比较仓促，加之作者水平有限，书中难免存在疏漏和不妥之处，望各位读者批评指正并提出宝贵意见。

任卫波

2016 年 12 月 12 日

目　录

第一章　空间诱变的基本原理与特点

第一节　空间诱变的主要因素

近地空间环境与地面环境差异显著，其具有微重力、高真空、弱磁场和强烈空间辐射等特点。以上种种特殊条件对处于该环境中的生物材料有复杂的诱变作用。因此，"航天育种"就是基于这种原理，利用多种多样的返回式空间飞行器（包括卫星、航天舱及航天飞机等）将生物种质材料送入空间环境，通过空间环境中的物理因素诱变，使得搭载的生物材料产生变异，返回后经过多年发育，从而获得新品种。现有研究结果表明，航天育种具有许多特殊优势，包括诱变变异频率高、幅度大、优质性状较快稳定等，而且某些变异材料拥有地面生物材料不具备的优良性状。因此，我国越来越重视对于航天育种技术的研究工作，为农业产业发展提供了重要的契机，在和平利用空间技术和资源方面意义重大。

一、高真空

高真空指植物种子或植物组织等搭载于高空气球或返回式卫星，在缺氧情况下进行近地空间飞行处理，由于受空间各种物理因素影响，植物处在特殊环境条件下（高空和缺氧等）产生突变后，再返回地面种植，从中选育出特异种质或育成新品种。

二、空间辐射

地球俘获带由地球磁场捕获周围空间的高能粒子产生。高能粒子的来源主要有银河宇宙射线（GCR）（太阳外突发性事件产生）、太阳粒子（SPE）（太阳爆发产生）。俘获带主要包括内区和外层带，分别主要由质子和电子组成；其中质子及重离子占据 GCR 总量 98%，电子和正电子只占 2%，重离子中，主要是质子（87%），其次为氯离子（12%）和其他重离子（1%）。空间辐射和空间粒子的相互作用可引发多种生物效应，低量和中量的空间辐射引起的原始损伤集中于 DNA 分子，其损伤形成较为复杂，射线能量作用于生物体，引起生物体原子和分子的激发与电离，该过程为 $10^{-14}\sim10^{-13}$ s。局部能量的作用可形成某些新化学物质，电离作用形成的自由基，通过与生物体的相关作用具有改变某些分子结构的功能。空间辐射引起的其他类型 DNA 损伤还包括碱基变化、碱基脱落、单键断裂、两键间氢键断裂、双链断裂、螺旋内交联、与其他蛋白质和 DNA 分子交联，另外辐射造成的 DNA 链断裂可导致染色体结构变化（王乃彦，2002）。空间重粒子高能量的特点，使其具有比 X 射线和 γ 射线更强的相对生物学效应。生物体被单个高能粒子穿过时，可蓄积大量能量，直接造成损伤，如果该粒子停留在体内，导致的损伤加剧（樊秋玲等，2002）。这种损伤可进一步形成强烈的诱变效应，导致细胞死亡和突变。研究表明，空间辐射导致的损伤主要影响生物系统遗传物质，可造成突变、细胞失活、发育异常、染色体畸变和肿瘤形成等（Horneck，1992）。Nevzgodina（1982）等和 Maksimova（1985）等，发现卫星搭载飞行中的莴苣（*Lactuca dolichophylla Kitam.*）种子被高能粒子击中后其染色体畸变率增加数倍。Chatterjee（1992）等证明，空间辐射造成的细胞内 DNA 双链断裂及细胞膜结构改变的效率较高，特别是非重接性断裂。

三、微重力

宇宙空间的重力仅为地球的百万分之一到十万分之一，即 $10^{-6}\sim10^{-3}$ g，由于地球重力场的存在，地面生长的植物均具有向重性，当植物处于空间环境时，重力大大降低，使得植物失去了在地面时的向地性生长反应，导致其对重力的感受、转换、传输、反应发生变化，引起不同的效应（直接效应和间接效应）（蒋兴村，1996）。多数高等植物利用特殊的重力敏感器官识别重力矢量的改变，做出相应系统反应，诱发信号，调节生理功能，该过程为微重力的直接效应（王雁等，2002）。微重力信号作用于植物感受器官，通过质膜调节胞内 Ca^{2+} 水平及磷脂 / 蛋白质的排列顺序等，引起多种酶类的活性变化（如 ATP 酶、蛋白质激酶、NAD 氧化还原酶等），从而作用于细胞分裂期微管的组装与去组装、染色体移动、微丝的构建、光系统的激活，影响植物体内的诸多生理生化过程（如细胞分裂、细胞运动、细胞间信息传递、光合作用和生长发育等），导致细胞遗传进程的改变（包括细胞核酶变、分裂紊乱、浓缩的染色体增加、核小体数目减少等）（朱壬葆，1987）。另外，生物体细胞形态受微重力影响形态发生改变，使其对诱变的敏感性增强，加剧了染色体 DNA 损伤和变异的发生率（蒋兴村，1996）。Anikeeva（1983）等也认为微重力可干扰 DNA 损伤修复系统，影响 DNA 断链修复，提高变异率。

四、复合效应

空间辐射中的高能重离子以及微重力环境均可引起 DNA 双链的损伤和修复障碍，二者的协同作用造成植物种子出现强烈的突变现象。另外，空间环境的一些其他特征，如大气结构、气温、超真空、压力和地磁强度等。以上因素与微重力和空间辐射综合引起生物体内遗传物质的结构发生变化而产生变异。

五、转座子活化

转座子是一类位置可移动遗传因子，能在宿主基因组中变更插入位点，而变更插入位点的过程被称为转座（杨欢欢等，2010）。采用基因组序列测定发现，植物中具有大量转座子和逆转座子序列，这些转座子在太空环境中可被激活（樊秋玲等，2002），其活化后通过移位、插入和丢失，引起基因和染色体的变异。比如，某操纵子的前半部分插入转座子，就可能形成极性突变，致使后半部分基因表达失活。宿主 DNA 原点附近如发生复制性转座，经常造成转座子两个拷贝之间的同源重组，两个正向重复转座子发生同源重组，导致宿主染色体 DNA 缺失；如果两个反向重复转座间发生重组，则引起染色体 DNA 倒位（朱玉贤等，1997）。该发现为空间诱变机理研究增添了新内容，使得空间诱变育种机理的研究进程大大提速（密士军等，2002）。

六、弱地磁生物学效应

地球生物不仅受重力作用，还受到生活环境中永久性磁场的影响。磁生物学证明，植物除具有自己的磁场外，体内还存在电位和电流。弱磁场是空间环境的重要组成部分之一，植物体内水分子在电场和磁场作用下发生变化，直接影响植物的生理生化活动，如呼吸强度加强、酶含量增加、细胞有丝分裂指数上升、侧根和不定根形成受到刺激等（任卫波等，2006）。有研究证明，小麦（*Triticum aestivuml.*）种子萌发和幼苗生长受零磁空间处理明显受到抑制，而对小麦花药愈伤组织诱导过程中进行周期性零磁空间处理后，愈伤组织和绿苗获得率有效增加（刘录祥，2002）。水稻干种子经过零磁空间处理后，出现以下结果：当代细胞染色体畸变频率提高，畸变类型以染色体桥和微核为代表；对苗期生长的生物损伤效应不明显，但促进了当代发芽率、成苗率、苗高和分蘖；其 SP_2 代变异类型丰富，早熟类型发现相对较高的突变频率（虞秋成，2002）。室温下利用弱磁空间处理紫花苜蓿（Medicago sativa）品种龙牧803 风干种子 6 个月，经过系统选择最终培育出紫花苜蓿新品种农菁 1 号（张月学，2006）。若干大（小）麦种子受零磁空间处理后发现，大（小）麦种子的发芽势和出苗率均显著提高，其中某些材料的生育期及若干农艺性状均出现大幅变异（李忠娴等，2003）。通过零磁场空间处理结合人工及试管离体授粉回交转育，虞秋成（2006）等获得了水稻（Oryza.sativa L.）新型不育系。虽然上述结果是地面模拟条件下取得，但充分证明，空间环境的弱磁场同样是诱发植物遗传性状变异的因素之一。

第二节　空间诱变的机理

与地面环境不同，空间环境许多特征发生变化，如空间辐射、重力、磁场等，对植物的生长、发育和表观遗传性状等产生不同程度的影响，具体表现在显微结构、亚显微结构及分子水平都受到了影响。

一、形态学变异

目前研究结果表明，通过空间处理后植物体的营养器官和生殖器官的形态均出现显著变异。其中营养器官变异包括：扁豆（Dunbaria villosa）经飞行处理 25 d 后发现，虽然根的生长与对照无显著差别，但下胚轴生长比对照增加 15%；豌豆（Pisum satium）空间处理 194 d 后，根的生长速度出现不同程度减慢（1%~39%）；与地面对照相比，和平号空间站生长的小麦（107 d）直立，株高及节间数显著降低（石轶松等，2003）；黄瓜（Cucumis sativus）种子经空间处理后，其后代叶子出现明显展开度差异（李社荣等，1998）；玉米（Zea mays L.）叶片发生较宽的黄色条斑变异，小麦发现超绿突变体植株（虞秋成等，2001）；草地早熟禾（Poa pratensis）的平均叶片数增多（韩蕾等，2004）。

生殖器官变异包括：空间处理后，单瓣花的白莲（*Nelumbo nucifera*）变为半重瓣花或重瓣花（刘光亮等，1996）；露地菊花（*Dendranthema morifolium*）出现的花径变小，明显改善了其观赏价值（张枝芳等，1996）。而穗部的变异表现为单株有效穗数、每穗粒数、穗长等性状以正向变异为主且呈现正态分布，对选择十分有利。另外还出现了小麦的无芒到有芒及大豆（*Glycine max*）的亚有限结荚习性到有限结荚习性变异（李社荣等，1998）。毛百合（*Lilium dauricum*）经空间处理后，其千粒重增加（杨利平等，1999），粒型变异包括小粒到大粒，长粒到短粒和落粒性由难到易等（李社荣等，1998）。水稻经空间处理后，其后代在穗粒数、穗长、分桑数、粒形和千粒重等发生了变异（李源祥，1998）。李金国等（2000）的研究表明，番茄（*Lycopersicon esculentum Miller*）SP1 代的形态学变异表现包括幼苗生长旺盛、主根增长、花期提前、株高增加和抗病性增强。大麦空间处理后的变异表现在抗寒性好、分蘖力强、叶片深绿青秀、株型紧凑、苗期长势壮、成穗率高、综合抗病性较优及抗灾能力较强（雷振生等，2004）。利用空间育种获得的芝麻（*Sesamum indicum Linn.*）新品种"航芝一号"拥有高产、优质、抗病、适应性广的优良品质，具体表现为生长势强、高大、粒大色白商品性好（张秀荣等，2003）。

二、生长发育影响

Rasmussen（1994）的研究证明，原生质体的细胞壁在微重力状态下合成延缓，同时出现细胞聚体中细胞数量减少现象。还有研究表明，在微重力状态下，原生质体再生过程中纤维素合成速度降低，而果胶酶合成速度升高和单糖合成多糖速度也有微小变化，说明重力因素作用于细胞壁合成并进而影响植株发育。尽管有研究发现在微重力条件下与对照相比，根的长度无明显变化（Legue 等，1992）；但也有研究指出，在微重力状态下植物愈伤组织的生长发生改变，如豌豆幼苗，在微重力条件下其外植体的生物量相对愈伤组织水浓度和生长指数均比对照低。

某些植物材料经空间搭载处理后，其物候期随之发生改变，主要包括开花期和生育期的变化。空间处理后绿菜花（*Brassica oceracea ver. italica*），其抽薹开花比对照提前（李金国等，1999）；水稻品种"包选 2 号"经卫星搭载后，在 SP2 代获得了生育期大大缩短（比对照缩短 18 d 以上）的早熟突变体，有望从中选育出早熟水稻品种（蒋兴村等，1991）；水稻恢复系"明恢 63"干种子经返回式卫星搭载后，从 SP4 代中选育出 4 个早熟突变体系（比对照缩短 11~12 d）（李源祥等，1995）；大豆种子经高空气球搭载后，从选育的后代中获得了极早熟和极晚熟的变异植株（贾淑芹等，1995）。

三、细胞学效应变化

许多研究证明，细胞结构在高空条件下处于被胁迫状态，出现不适应性和异常变化。

模拟微重力环境导致植物处于非正常条件下生长，出现植物逆境条件的变化特点尤其是细胞壁和细胞器的变化。由于长期处于重力条件作用，植物已经形成一系列生长发育规律，而微重力对植物的胁迫作用造成植物细胞出现各种不适应性，有些甚至表现细胞迅速衰老。有研究证明，许多植物在经过空间处理后，其叶片细胞出现变薄、凹凸不平、细胞大小不等、表面不规则，导致细胞间接触面减少，部分细胞退化消失，仅留残壁。刘敏等对马铃薯（*Solanum tuberosum* L.）和香石竹（*Dianthus caryophyllus*）在微重力条件下进行研究，实验结果发现叶绿体片层结构扭曲、断裂、线粒体边缘模糊，内含物溢出以及嵴不明显；细胞壁收缩，呈现多角形式、折皱形。这说明细胞壁及细胞器在重力条件下形成了一定模式，一旦失去了重力，细胞壁及细胞内含物的排列顺序也受到了干扰，呈现出无序的状态。

细胞水平的植物空间诱变效应主要是染色体变异。空间诱发突变是诱变剂通过击中细胞中某条染色体上的一个特殊位点或片段而引发的变异。植物空间诱变效应研究中常用细胞染色体畸变类型及频率和微核细胞率作为衡量诱变敏感性的指标。许多研究表明，经空间飞行后，植物叶片表现出细胞大小不等、表面积不规则和部分细胞退化消失，细胞壁变薄且凹凸不平等变化（李社荣等，1998）；空间条件使黄瓜、茄子（*Solanum melongena*）和豌豆种子细胞膜的透性增加（苗德全等，1989）；一些植物的叶绿体基质解体或被破坏，线粒体膨胀，基粒堆膜皱缩，染色质浓缩；空间条件影响内质网的完整性，改变内质网在细胞中的排列与分布（刘录祥等，1997）；另外还发现多核仁细胞核和粗糙内质网与核糖体消失的变异细胞（刘光亮等，1996）。

经过空间飞行后的植物体，细胞有丝分裂过程中 G1 期延长，有丝分裂指数有不同程度的提高和降低（赵林姝等，1998）；染色体变异中常见的是染色体结构和数量的变异，常见染色体结构变异有染色体桥、断片和微核、染色体倒位和易位等变化。卫星搭载过的大麦（*Hordeum vulgare*）、小麦种子当代可诱导出比地面更多的染色体桥（李金国等，1996）；绿菜花出现染色体倒位和易位等变化（李金国等，1994）。经空间诱变后的植物体细胞有丝分裂中期不沿赤道板排列，后期不分离或不均等分离到两极。染色体畸变多发生在染色体桥、断片、微核，并可产生超倍体、亚倍体等数目的改变。刘中申（1998）等对中药黄芪（*Leguminosae*）的普通与航天种子进行染色体形态的对比实验，发现染色体类型发生了畸变，出现了染色体裂片、染色体桥、落后染色体、先行染色体。赵燕（2004）、汤泽生（2004）等对卫星搭载处理后的凤仙花（*Impatiens balsamina*）小孢子母细胞减数分裂的研究表明，航天搭载的凤仙花种子在第一代（SP1）植物的小孢子母细胞减数分裂中出现了染色体桥、落后染色体和分散染色体；四分孢子时期易出现多分孢子及四分孢子不分离等现象，而对照组则很难发现染色体畸变和小孢子异常现象。

染色体数目的变化有超倍体、亚倍体数目的改变。西华师范大学对神舟四号搭载的100多粒凤仙花种子进行培育，再从这些发育良好的植物中选取了长势良好的20株开展研究时，发现其中一株凤仙花在减数分裂中发生了不规则变异，其染色体数由正常的7对变成不规则数量，最少的只有1对，最多的达到28对。王彩莲（1996）用5个水稻品种的干种子搭载返回式卫星做试验材料，研究结果表明空间诱变细胞学效应有它自身的特点，空间环境既对水稻根尖细胞染色体具有一定的致畸作用，同时又较明显地促进根尖细胞有丝分裂活动。许多植物种子经空间飞行后在地面发芽，其染色体畸变频率有较大幅度的增加，表明遗传物质的载体受到损伤。

中国科学院遗传研究所和黑龙江大学于1987年和1994年用卫星搭载绿菜花，使搭载后的绿菜花抽穗开花提前，观察到花粉母细胞减数分裂的终变期的染色体数目不均等分离；有 n=6.7 及 n=11（正常的染色体数为 n=9），并出现倒位和易位染色体；在花粉母细胞减数分裂后期和末期出现落后染色体（蒋兴村，1996）。周有耀等于1988年和1990年通过返地卫星，分别搭载了棉花（*Gossypium arboreum*）脱绒的干种子，在外层空间飞行8 d返地后进行了细胞学观察，发现通过空间诱变的材料叶肉细胞排列明显比对照疏松，诱变材料SP1的栅栏细胞形状明显细长，叶绿体数量少，细胞间隙大，海绵组织细胞比对照更不规则；压片观察表明搭载种子后代的染色体显得细弱。顾瑞琦（1989）等通过首次返地卫星搭载小麦干种子进行了细胞学研究，结果发现空间飞行的小麦根尖的畸变细胞数高于地面对照组；飞行前用 5 mmol/L 半胱氨酸处理小麦种子，能促进小麦生长，减少畸变细胞数。

四、生理生化特性

空间条件对植物发芽特性的影响具有种的特异性，同一植物的不同品种对飞行的敏感性也存在差异。有些植物的种子如小麦、大麦、玉米、大豆和黄瓜经过空间飞行后活力增加，发芽率明显提高；水稻、谷子（*Setaria italica*）、豌豆和青椒（*Capsicum frutescens*）无明显差异；而高粱（*Sorghum saccharatum*）、西瓜（*Citrullus lanatus*）、茄子和丝瓜（*Luffacy l indrica*）发芽率明显降低（刘录祥，2001）。高文远（1997）等根据红花（*Carthamus tinctorius*）种子经空间飞行后平均发芽率及过氧化物酶活性均高于地面对照组。这一结果指出，微重力和辐射对红花种子发芽均有影响；吴岳轩（1998）等指出空间飞行可提高番茄种子活力和促进初期生长，这与其提高种子及幼苗体内活性氧防御酶系统的活性，增强种子抗氧化能力和延缓种子衰老有关。1994 年用同一卫星搭载的辣椒（*Capsicum annuum*）品种 $KL_{94-1} \sim KL_{94-6}$，返回后发芽试验表明，$KL_{94-1} \sim KL_{94-5}$ 的发芽率均比对照高，而 KL_{94-6} 的发芽率则比对照低（郭亚华等，2003）。

经过空间搭载过的植物材料，其同工酶的谱带形式也会发生变化。小麦、大麦胚乳的过氧化物同工酶和酯酶同工酶的谱带比地面对照相应减少（李金国等，1996）；而番茄（*Lycopersicon esculentum*）、青椒酯酶同工酶的谱带比地面对照增加（李金国等，1999）。郭亚华（2003）等研究了卫星搭载过的"龙椒 2 号"SP1 代幼苗和突变系 87-2 果实及叶片同工酶的变异，发现 SP1 代幼苗过氧化物同工酶比对照增加了 2 条谱带；87-2 SP9 代叶片过氧化物同工酶比对照少了 2 条带，而增加了 1 条新带；其果实的过氧化物同工酶比对照少了 2 条带，而增加了 5 条新带。韩东（1996）等对空间处理 3 株同工酶有变异的番茄植株群体进行分子生物学分析，结果表明，在 50 个供试引物中，有 18 个扩增出 DNA 带，共有 166 条，其大小在 200~2 000 bp 之间，与地面对照比，空间处理的植株的 DNA 在 5 个引物出现差异，其突变的程度分别为 4.5%、1.3%、3.2%（韩东等，1996）。

空间条件也会影响植物体的光合特性和叶绿素含量。荧光动力学测定表明，空间条件可使叶绿体的光合作用光系统Ⅱ活性降低。经空间飞行后黄瓜和青椒的叶绿素含量增加（李社荣等，1998）。有些植物材料空间飞行后，抗逆性也会发生变化。经过空间诱变育成的水稻品种"赣早籼47号"在稻瘟区表现为高抗类型，而对照亲本86-70属于易感染类型（李金国等，2001）；经高空气球搭载处理后选育出的小麦新品种"烟麦"2号具有抗倒伏和抗病等优点（李桂花等，2003）；1988年卫星搭载的棉花种子后代中，出现了一些抗早衰的类型（蒋兴村，1996）。植物体经空间飞行后还发现，清蛋白、球蛋白脯氨酸等含量增加，ATP、天冬酰胺等含量减少；李社荣（1998）等发现水稻种子空间飞行后，其根间 Ca^{2+} 含量明显降低（李社荣等，1998）；空间环境下豌豆植株中醇溶糖的数量提高，矿质元素的平衡遭到破坏，磷含量提高2.5倍，钾含量提高1.5倍，钙、镁、锰、锌、铁含量明显降低（赵林姝等，1998）。高文远（1999）等用电镜观察经卫星搭载处理后的蕾香叶绿体，发现对照组细胞的叶绿体中常含有囊泡，而失重组和击中组细胞的叶绿体中则很少或缺失，失重组细胞的叶绿体有解体的表现，空间环境对蕾香叶绿体的超微结构有一定的影响。Tripathy（1992）等研究了太空小麦的生长和光合反应，发现与地面对照植株相比，幼芽的干重降低了25%，而氧气释放量的测量表明，在限定光强条件下，氧气释放水平不受显著影响。另外，微重力条件下植株叶的光补偿点提高了约33%，认为这可能是由于叶的暗呼吸速率提高造成的。李社荣（1998）等发现空间诱变的玉米叶绿素a+b含量下降，但叶绿素b下降幅度大于叶绿素a，这可能是太空飞行条件对叶绿素a转化为叶绿素b的代谢有抑制作用。

五、分子生物学变化

空间条件引起的植物体遗传变异，最终是由植物体基因发生变异引起的。邱芳（1998）等对空间诱变产生绿豆（*Phaseolus radiatus* L.）长荚型突变系进行了 RAPD 的分析，从100个引物筛选出3个能产生稳定的遗传多态性的引物，分别命名为 $OPZ-13_{1400}$、$OPY-07_{1000}$ 和 $OPY-04_{2000}$，它们之间没有差异，而与对照有共同的差异，并把其中的 $OPY-07_{1000}$ 转换成了稳定的 SCAR 标记。周峰（2001）等选用299对微卫星引物，对卫星搭载回收的水稻品种"特籼占13"种子种植后选育出的5个突变系的后代进行了 DNA 多态性分析，结果表明，变异植株与原种之间均存在不同程度的微卫星多态性。龚振平（2003）等对卫星搭载过的"唐恢28"恢复系高粱种子的变异后代进行了 RAPD 分析，结果显示，空间突变系在基因水平上发生了明显的变异。邢金鹏（1995）等对卫星搭载获得的"水稻农垦58"大粒型突变系及对照进行了RAPD分析，发现了与大粒型突变系有关的特异片断OPA18-3，并将其标记定位在水稻的第11对染色体上，证明了突变系在DNA水平上发生了变异。刘敏（1999）等对卫星搭载育成的甜椒新品种"87-2"与对照进行RAPD分子检测，从42个随机引物中筛选出4个在扩增物上有差异，表明太空甜椒"87-2"的遗传物质发生了变异。

第三节 空间诱变的主要特点

空间诱变是在显著特殊的太空环境下进行的，其诱变因素主要包括高真空、微重力和高能核粒子辐射等。

其主要表现在以下几个方面。

（1）诱变条件。太空中存在着各种高能粒子（包括质子、电子、离子、α-粒子、高空重离子等）、X射线、γ-射线和其他宇宙射线。依靠高穿透力，它们可穿透卫星舱体外壁，直接作用于飞行器内部搭载的生物体。其中高能粒子对高等植物的强烈诱变作用，可导致植物细胞产生损伤和可遗传的突变。利用正负电子对撞击产生的高能混合粒子场处理小麦，获得的细胞学诱变效应发现，与同等剂量的 ^{60}Co、γ射线相比，其对染色体的损伤效应显著高于γ射线，此外还可诱发高频率的环状染色体和染色体断片，这表明与γ射线相比，混合粒子场处理具有更高的相对生物学效应（刘录祥等，2005）。

（2）诱变环境。受地球自身重力场影响，在长期的生长、发育及进化过程中植物对重力形成了特殊的感受和反应机制。微重力作为太空环境的特征因素，生物细胞内的一系列活动因重力场缺失发生改变。飞行器搭载植物进入空间环境后，各种因素均可影响其生长，包括空间弱磁场、卫星的加速和振动、高真空、飞行舱内的温度和湿度条件及其他未知因素。除重力作用外，永久性磁场也是影响地球生物的重要环境因素。磁生物学表明，由于植物自身磁场和体内存在的电位和电流，导致弱磁空间处理影响其变异。另外，飞行器起飞和返航时产生的机械振动及超重、失重等因素，也具有提高植物对空间诱变因素敏感性的作用。

（3）诱变效果。因空间飞行过程中，搭载舱内的植物所处环境恶劣，氧气含量低，严重抑制了其生理生化活动和自身的修复能力，大大提高了诱变效果。空间诱变的生物学效应突出表现为：① 变异幅度大，变异频率高，变异类型丰富；② 生理损伤轻，伤害性变异小，诱变率高，据袁隆平等试验，水稻种子经地面辐射处理后诱变率达到 0.12%，卫星搭载处理后的变异率更高达 12.5%，是地面的 100 倍，而其自然条件的变异率仅为二十万分之一；杂交育种多年未获得成功的美国工业用薄荷（*Mentha haplocalyx*）抗枯萎病品种，经过辐射诱变后极短时间内育成了一批抗病、高产兼具的新品种；③ 突变方向不定，正负方向的变异都有；④ 变异性状稳定快；⑤ 出现特殊变异类型概率提高（如早熟、大穗、大粒、大果），与对照仅 1.08 g 相比，获得了单粒重达 1.85 g 的白莲莲子（谢克强等，2004），以及角果长 13 cm 的油菜单株（刘泽等，2000），荚长 16 cm 左右、每荚种子数 15~19 粒的绿豆单株（邱芳等，1998），这些都是自然界中罕见的。

太空环境诱发的生物性状变异是随机的、多向性的，许多有利的性状是可遗传的变异，可加以选择和利用。越来越多的植物通过太空搭载获得了种子的突变体。但航天育种也存在某些缺点，如搭载费用昂贵、搭载诱变效果随机产生、可预见性差、诱变机理研究不够深入等。

第四节　空间诱变在植物育种上的应用

植物空间诱变育种工作始于 20 世纪 60 年代。我国对植物空间诱变机理的研究主要包括返回式卫星、飞船搭载及空间飞行结合地面模拟试验。目前，我国是具备发射返回式卫星、飞船能力，并将该技术应用于植物育种的先进国家之一。前苏联是最早开展此项研究的国家，通过枞树种子空间育种方式获得了生长快速的后代植株。1994 年俄罗斯与美国宇航局合作，完成了多次小麦全生育期空间诱变实验，获得了巨大的进展。另外，俄罗斯宇航员发现空间站播种的兰花、洋葱等植物相比地面条件生长快、成熟早。美国在不同类型空间飞行器上进行了各种试验，监测植物材料在空间条件下的变化，而且还通过建立相关实验室（北卡罗来纳州立大学，引力生物学研究中心）着重研究植物对引力的感受和反应，开发适合空间种植的植物。美国研究结果还表明，松树（*Pinus*）、燕麦（*Avena sativa* L.）和绿豆（*Phaseolus radiatus* L.）等植物在失重条件下蛋白质含量提高。但目前空间诱变育种尚处于研究阶段，还没有开始生产层面的大面积应用。

继美、苏之后，1987年我国首次利用FSW-O返回式卫星搭载植物种子，成为中国空间诱变育种的开端。1988年我国第二次利用卫星搭载植物种子和细胞等材料，着重观察空间环境对植物性状的突变影响，为将来的突变后选育工作做准备。10多年来，育种专家和航天专家共同努力，我国先后成功进行了17次（9次返回式卫星，4次神舟飞船，4次高空气球）植物种子搭载试验，包括70多种植物和100多个品种的植物种子先后进行了太空育种试验，通过对返回地面种子的突变株系选择，得到了农艺性状优良的植物突变类型，包括水稻、番茄、小麦、黄瓜、青椒和石刁柏（*Asparagus officinalis*）等；这说明空间环境处理种子是植物诱变育种的有效方法。在此基础上，我国进行了植物空间诱变育种的机理研究，包括微重力、高能重粒子和空间辐射，并从植物生态学、生理生化、细胞和遗传学等方面加以证明，初步明确了空间环境对植物的诱变作用，且某些诱变性状具有稳定性，可遗传性。目前我国在植物空间诱变育种领域处于世界领先水平，特别是育成了一批丰产、优质、早熟、多抗的作物新品种（系），包括水稻、小麦、番茄、青椒和花卉等。

一、粮食和经济作物

水稻作为重要粮食作物，在空间诱变育种方面取得的成果最多，通过审定的品种（组合）已达10个，单产高达1.2万 kg/hm^2，对我国粮食生产发挥了重要作用。1987年，籼粳"海香"、"中作59"两个品种，经过高空气球空间试验，以及后期多年的选育，已经育成杂交优势强、结实率80%以上的杂交稻新组合，于1994年通过品种鉴定（罗崇善等，1997）。1988年，"农垦58"和"包选2号"由卫星搭载处理后，在1993年育成2个丰产品系，并通过成果鉴定（贾淑芹等，1995）。袁隆平院士作为杂交水稻专家，于1996年通过返回式卫星，经历六代培育，育成水稻品种单季产量达到12 000 kg/hm^2（林森，2002）。2002年国家又将水稻航天育种技术列入国家高技术发展计划（863计划）现代农业技术主题加以研究，这将为我国进一步开展空间诱变育种奠定坚实的基础。除水稻以外，小麦作为我国北方地区重要的粮食作物，也广泛开展了空间诱变育种方面的研究。如高空气球搭载后经过选育的"烟麦 2 号"和"郑航 1 号"，与当地品种相比可增产 20% 左右，同时具有抗倒伏和抗病等优点（李桂花等，2003；张世成等，1996）。在经济作物方面，双低油菜（*Brassica campestris*）品系"DL9-279"干种子，利用卫星搭载，获得的后代具有分枝能力强、角果数较多、角果特长、千粒重特大、且可遗传的特异突变等特征。利用高空气球搭载的大豆种子，经选育其后代可获得极早熟和极晚熟的变异植株（蒋兴村，1996）。棉花和红麻（*Apocynum venetum*）种子通过卫星搭载获得的后代具有早熟、丰产、抗早衰、生长旺盛等优秀特征（罗崇善等，1997；蒋兴村，1996）。

二、园艺作物

利用卫星搭载，我国进行了番茄、黄瓜、甜椒和白莲等蔬菜种子以及葡萄（*Vitis vinifera*）、树梅（*Rubus crataegifolius*）等果木幼苗，百合（*Hemerocallis hgbrida*）、一品红（*Euphorbia pulcherrima*）和凤仙（*Impatiens balsamina*）等花卉种子的空间诱变实验，获得多种有益突变体，选育出许多新品种（系）。选育空间诱变的"龙椒 2 号"种子后代 SP3 中得到了单果重、增重、维生素 C 和可溶性固形物均大幅提高的品种；空间诱变的番茄种子后代，经过选择培育出早熟、抗病力强的新品系。

三、草类植物

起步阶段：与重要经济作物相比，我国草类植物空间诱变育种研究起步于 1994 年，相对较晚。1994 年，兰州大学搭载了紫花苜蓿、红豆草（*Onobrychis viciaefolia*）和沙打旺（*Astragalus adsurgens*）3 种豆科牧草。随着新型搭载工具的出现以及我国草业科学的发展，草类植物空间诱变育种的研究日益受到重视，牧草的空间诱变育种进入较快的发展阶段。1996 年 10 月中国农业科学院畜牧所搭载 2 个沙打旺地方材料，研究发现空间诱变效应非常显著（李聪等，2002）。

发展阶段：在草坪草方面，曾经用卫星搭载过草地早熟禾（*Poa pratensis*）、结缕草（*Zoysia*）、黑麦草（*Lolium perenne*）等在内的一批草坪草种子。在地面观察中，草地早熟禾 SP1 代发现了 2 种变异植株；同时通过形态观察筛选出 3 个突变株系；叶片解剖结构分析表明，与对照相比，3 个变异株系叶片气孔密度增大，气孔面积减少，叶绿体体积增大，淀粉粒变小但数量却有不同程度的增加；光合特性分析表明，突变株系光合能力有所降低，净 CO_2 饱和点高于对照；同工酶分析表明，3 个突变系的酯酶和过氧化物酶同工酶酶带数目、迁移率也发生显著的变化（韩蕾等，2004，2005；胡繁荣等，2004）。目前，草坪草的空间诱变育种工作还在开展。2002 年中国空间技术研究院通过"神舟三号"宇宙飞船首次大规模搭载了包括草坪草、牧草和生态水保草等在内的 21 个优良草种，总计 1 kg。

同年，中国科学院遗传与发育生物学研究所也先后利用"神舟三号"和"神舟四号"宇宙飞船搭载了包括红豆草、苜蓿、紫叶酢浆草（*Oxalis corniculata*）等一批牧草和观赏草种子。研究表明，黄叶高羊茅（*Festuca arundinacea*）利用空间搭载后，从田间筛选鉴定到许多变异优良的抗逆突变体，包括半矮秆、匍匐性、细叶、晚熟、耐热性等（徐国忠等，2006）。

2003 年 11 月 3 日中国农业大学草地所通过我国发射的卫星进行了 17 份牧草和草坪草种子的搭载实验，即结缕草（*Zoysia japomca*）、狗牙根（*Cynodon dactylon*）、假俭草（*Eremochloa ophiuroides*）和高羊茅 4 个属的 8 个品种。该搭载试验应用于暖季型草坪草尚属首次（徐国忠等，2006）。2003 年 10 月北京中种草业有限公司通过"神舟五号"开展了 17 种 60 g 牧草和草坪草种子的搭载试验，这是我国草业企业的首次空间育种尝试。

2006 年 9 月我国第 1 颗农业育种卫星"实践 8 号"的发射，标志着中国草类植物空间诱变育种研究的全面开展。这次发射除了搭载常用牧草和草坪草种子（冰草（*Agropyron cristaturn*）、苜蓿、野牛草（*Buchloe dactyloides*）、结缕草等）外还包括了组培苗和种胚等生物材料。

牧草空间诱变育种的特点：与其他植物相比，草在空间育种上有以下几个方面的优点：① 搭载成本低，可大数量搭载（草种体积小、重量轻）、选材范围广（诱变处理材料多）、有益突变体获得率高，如龙牧 801 和 803 苜蓿就是通过辐射诱变育成，是牧草诱变育种的成功范例（陈立波等，2005）。② 牧草优良品种育成少，具有极大的改良潜力。以我国某些地方品种为代表，其种植历史悠久，具有适应性强、种植面积广泛、遗传改良潜力好的优势。通过空间诱变育种和改良后，经济收益提高显著。③ 由于空间诱变育种的不确定性，导致选育高产籽粒为主的过程中营养器官突变被忽视和遗弃，造成其选育效率低下。而牧草收获和利用主要以其营养器官为主，与收获籽粒为主的农作物相比，利用空间诱变产生变异的概率更高（Briarity 等，2004）。④ 牧草航天育种具有广阔的前景，可实现生态和经济效应的双赢。伴随我国农业种植结构的改变，从以前的"粮－经"为主逐步转向为"粮－经－饲"协同发展。使得饲草作物在农业种植结构中比重开始上升，特别是农牧交错带地区已占据相当大的比例。另外，由于牧草具有的重要生态价值，包括抗旱、抗寒、耐贫瘠和防风固沙能力强等优点，已经成为我国西部生态治理的重要植物品种。但是，目前我国的牧草育种在质量和数量都与我国草业发展的需求有着巨大的缺口，为满足国内不足，国家需要大量从美国、加拿大、新西兰等国进口优质牧草种子（林清等，2005）。采用常规育种技术改良品种往往需要十年左右，而空间诱变育种技术仅需 4~5 年即可获得突变性状稳定的品种，大大缩短了育种周期。因此广泛应用空间诱变技术处理牧草，短时间内获得优良品种（系），对调整农业产业结构、发展畜牧业、农民增收及满足我国西部地区生态建设等具有重大意义。⑤ 作物、蔬菜、微生物等物种在空间诱变育种研究方面积累了大量的经验，因此牧草空间诱变育种可以得到大量可借鉴的材料，大大加快研究进展。⑥ 国内外对于作物和蔬菜的空间诱变机理和规律研究已有一定基础，但是在牧草领域还处于起步阶段，因此积极开展牧草空间诱变育种对填补我国这一研究领域具有重要意义。

参考文献

陈立波，张力君，刘磊．2005.苜蓿育种几个问题的探讨 [J]. 中国草地，27（5）：75-78.

樊秋玲，刘敏．2002.空间育种研究进展 [J]. 航天医学与医学工程，15（3）：231-234.

高文远，赵淑平，薛岚，等．1999.太空飞行对药用植物蕾香叶绿体超微结构的影响 [J]. 中国医学科学院学报，21（6）：478-482.

龚振平，刘自华，刘根齐．2003.高粱空间诱变效应研究 [J]. 农业生物技术科学，19（6）：16-24.

顾瑞琦，沈惠明．1989.空间飞行对小麦种子的生长和细胞学特性的影响 [J]. 植物生理学报，15（4）：403-407.

郭亚华，谢立波，邓立平．2003.利用空间诱变育成"太空椒"系列新品系研究 [J].北方园艺（6）：41–43.

韩东，李金国，梁红健，等．1996.利用 RAPD 分子标记检测空间飞行诱导的番茄 DNA 突变 [J].航天医学与医学工程，9（6）：412–416.

韩蕾，孙振元，巨光升，等．2005.空间环境对草地早熟禾效应研究 I 突变体叶片解剖结构变异观察 [J].核农学报，19（6）：409–412.

韩蕾，孙振元，钱永强，等．2004.神舟三号飞船对草地早熟禾生物学特性的影响 [J].草业科学，21（4）：17–19.

胡繁荣，赵海军，张琳琳，等．2004.空间技术诱变创造优质抗逆黄叶高羊茅 [J].核农学报，18（4）：286–288.

贾淑芹，王得亮，杨丹霞，等．1995.大豆空间诱变育种的研究 [A].中国宇航学会．航天育种论文集 [C].北京：中国科学技术出版社，116–120.

蒋兴村，李金国，陈芳远，等．1991．"8885"返地卫星搭载对水稻种子遗传性的影响 [J].科学通报，36（23）：1 820–1 824.

蒋兴村．1996.863–2 空间诱变育种进展及前景 [J].空间科学学报，16（增刊）：77–83.

蒋兴村．1996.农作物空间诱变育种进展及其前景 [J].卫星应用，4（3）：21–25.

雷振生，林作揖，吴政卿，等．2004.航天诱变小麦新品种太空号的选育 [J].河南农业科学（6）：3–5.

李聪，王兆卿．2002.空间诱变对沙打旺消化率的遗传改良效应研究：中国国际草业发展大会暨中国草学会第六届代表大会论文集 [C]:61–63.

李桂花，张衍荣，曹健．2003.农业空间诱变育种研究进展 [J].长江蔬菜，（12）：33–36.

李金国，蒋兴村，王长城．1996.空间条件对几种粮食作物的同工酶和细胞学特性的影响 [J].遗传学报，23（1）：48–55.

李金国，李源祥，华育坚，等．2001.利用卫星搭载水稻干种子选育出"赣早籼 47 号"的研究 [J].航天医学与医学工程，14（4）：286–290.

李金国，王培生，张健，等．1999.空间飞行诱导绿菜花的花粉母细胞染色体畸变研究 [J].航天医学与医学工程，12（4）：245–248.

李金国，王培生，张健，等．1999.中国农作物航空航天诱变育种的进展及前

景 [J]. 航天医学与医学工程，12（6）：464-467.

李金国，刘根齐，张健，等 . 2000. 高粱种子搭载返回式卫星的诱变研究 [J]. 航天医学与医学工程，14（1）：57-59.

李社荣，曾孟浅，刘雅楠，等 . 1998. 植物空间诱变研究进展 [J]. 核农学报，12（6）：375-379.

李社荣，刘雅楠，刘敏，等 . 1998. 空间条件对玉米叶片超微结构的影响 [J]. 核农学报，12（5）：274-280.

李源祥，蒋兴村 . 1995. 空间条件对水稻恢复系诱变作用的研究 [J]. 杂交水稻，（5）：6-9.

李源祥，蒋兴村，李金国，等 . 1998. 水稻空间诱变育种的研究 [J]. 航天医学与医学工程，11（1）：21-25.

李忠娴，张思文，金海强 . 2003. 零磁空间对大（小）麦生物效应的初步研究 [J]. 江西农业科技，（1）：14-15.

林森 . 2002. 神奇的太空育种 [J]. 致富天地（2）：37.

刘光亮，谢克强，李本信，等 . 1996. 卫星搭载对白莲后代的遗传变异 [J]. 空间科学学报，16（增刊）：159.

刘录祥，韩微波，郭会君，等 . 2005. 高能混合粒子场诱变小麦的细胞学效应研究 [J]. 核农学报，19（5）：327-331.

刘录祥，郑企成 . 1997. 空间诱变与作物改良 [J]. 中国核科技报告（S1）:475-485.

刘录祥，工晶，金海强，等 . 2002. 零磁空间诱变小麦的生物效应研究 [J]. 核农学报，16（1）：2-7.

刘录祥 . 2001. 空间技术育种现状与展望 [J]. 国际太空（7）：8-10.

刘敏，王亚林，薛淮 . 1999. 模拟微重力条件下植物细胞亚显微结构的研究 [J]. 航天医学与医学工程，12（5）：360-363.

刘泽，赵仁渠 . 2000. 空间条件对油菜诱变效果的研究 [J]. 中国油料作物学报，22（4）：6-8.

刘中申，都晓伟，丁桂清，等 . 1998. 中药黄答航天育种的初步实验研究 [J]. 中医药信息，15（1）：50-52.

罗崇善，刘侠，欧阳庆 . 1997. 我国空间诱变研究的进展 [J]. 杂交水稻，12（40）：43-44.

密士军，郝再彬 . 2002. 航天诱变育种研究的新进展 [J]. 黑龙江农业科学（4）：31-33.

苗德全，刘新，牟其芸，等 . 1989. 近地空间条件对植物种子细胞膜透性的影响 [J]. 莱阳农业学院学报，6（4）：65-67.

邱芳，李金国，翁曼丽，等 . 1998. 空间诱变绿豆长荚型突变系的分子生物学分析 [J]. 中国农业科学，31（6）：38-43.

任卫波，韩建国，张蕴薇，等 . 2006. 航天育种研究进展及其在草上的应用 [J]. 中国草地报，28（5）：91-97.

石轶松，王贵学 . 2003. 微重力和模拟微重力对植物生长发育的影响 [J]. 重庆大学学报，6（4）：100-103.

汤泽生，杨军，赵燕，等 . 2004. 航天诱导的凤仙花突变株性状及减数分裂过程的研究 [J]. 核农学报，18（4）：289-293.

王彩莲，陈秋方，慎玫 . 1998. 水稻空间诱变效应的研究 [J]. 中国农学通报，14（5）：21-23.

王乃彦 . 2002. 开展航天育种的科学研究工作，为我国农业科学技术的发展做贡献 [J]. 核农学报，16（5）：257-260.

王雁，李潞滨，韩蕾 . 空间诱变技术及其在我国花卉育种上的应用 [J]. 林业科学研究，2002，（15）：229-234.

吴岳轩，曾高华 . 1998. 空间飞行对番茄种子活力及其活性氧代谢的影响 [J]. 园艺学报，25（2）：165-169.

谢克强，杨良波，张香莲，等 . 2004. 白莲二次航天搭载的选育研究 [J]. 核农学报，18（4）：300-302.

邢金鹏，陈受宜，朱立煌，等 . 1995. 水稻种子经卫星搭载后大粒型突变体的分子生物分析 [J]. 航天医学与医学工程，8（2）：109-113.

徐国忠，郑向丽，应朝阳，等 . 2006. 太空搭载决明属牧草种子的生物学效应研究 [J]. 福建农业学报，21（3）：253-256.

杨欢欢，魏峰，刘全 . 2010. Piggyback 转座子应用研究进展 [J]. 动物医学进展，31（12）：91-94.

杨利平，张枝芳，薛志军 . 1999. 空间条件对毛百合的影响 [J]. 河北林果研究，14（3）：230-233.

于林清，云锦凤 . 2005. 中国牧草育种研究进展 [J]. 中国草地，27（3）：61-64.

虞秋成，黄宝才，严建民．2001.作物空间育种的现状及展望 [J]. 江苏农业科学，（4）：3-6.

虞秋成，刘录祥，黄宝才，等．2006.零磁空间诱发优质籼稻雄性不育系的选育 [J]. 安徽农业科学，20（6）：497-499.

虞秋成，刘录祥，徐国沾，等．2002.零磁空间处理水稻干种子诱变效应研究 [J]. 核农学报，16（3）：139-143.

张世成，林作辑，杨会民，等．1996.航天诱变条件下小麦若干性状变异 [J]. 空间科学学报，16（增刊）：103-107.

张秀荣，李培武，程勇，等．2003.航芝1号芝麻新品种的选育及配套栽培技术 [J]. 中国油料作物学报，25（3）：34-37.

张月学，唐凤兰，张弘强，等．2006.零磁空间处理选育紫花苜蓿品种农菁1号 [J]. 核农学报，21（1）：34-37.

张枝芳，杨利平，丁冰．1996.卫星搭载对露地菊后代遗传性的影响 [J]. 空间科学学报，16（增刊）：166.

赵林姝，刘录祥．1998.俄罗斯空间植物学研究进展 [J]. 核农学报，12（4）：252-256.

赵燕，汤泽生，杨军，等．2004.航天诱变凤仙花小孢子母细胞减数分裂的研究 [J]. 生物学杂志，21（6）：32-34.

周峰，易继财，张群宇，等．2001.水稻空间诱变后的微卫星多态性分析 [J]. 华南农业大学学报，22（4）：55-57.

周有耀，吴奇，张仪，等．1997.空间条件对棉花种子及其后代影响的研究 [J]. 中国棉花，24（1）：7-10.

朱壬葆．1987.辐射生物学 [M]. 北京：科学出版社，55-74.

朱玉贤，李毅．1997.现代分子生物学 [M]. 北京：高等教育出版社，50-59.

Anikeeva I. D., Kostina L. N., Vaulina E. N. 1983.Experiments with air-dried seeds of Arabidopsis thaliana（L）Heynh. and Crepis capillaris（L）Wallr., aboard Salyut 6 [J]. Adv Space Res, 3: 129-136.

Briarity L. G., Maher E. P. 2004.Reserve utilization in seeds of Arabidopsis thaliana germinating in microgravity [J]. Int. J. Plant Sci, 165（4）：545-551.

Chatterjee A., Holley W. R.1992.Biochemical mechanisms and clusters of damage for high-LET radiation [J]. Adv Space Res, 12（2）：35-93.

Horneck G. 1992.Radiobiological experiments in space: a review [J]. Nucl Tracks Radiant Meas, 20（1）: 185-205.

Legue V. 1992. Cell cycle and differentiation in lentil wots grown on a slowly rotating clinostat [J]. Physiologia Plantarum, 84（3）: 386-392.

Makismova Y. N. 1985.Effect on seeds of heavy charged particle of galactic cosmic radiation [J]. Space Biol. Aerosp. Med, 19（3）: 103-107.

Nevzgodina L. V., Maksimova Y. N. 1982.Cytogenetic of heavy charges particles of galactic cosmic radiation in experiment abroad cosmos 1129 biosatellite [J]. Space Biol. Aerosp. Med, 16（4）: 103-108.

Rasmussen O.1994.The effect of 8 days of microgravity on regeneration of intact plants from protoplasts [J]. Physiologia Plantarum, 92（3）: 404-411.

Tripathy B. C.1992.Growth and photosynthetic responses of wheat plants growth in space [J]. Plant Physiol, 100（2）: 692-698.

第二章 空间诱变对紫花苜蓿种子的影响

紫花苜蓿是重要的饲料作物，被誉为"牧草之王"，具有高产、优质、抗逆性强、蛋白质含量高和适口性好等特点，是世界上分布最广、最古老的栽培牧草，也是我国种植面积最大的人工牧草。我国牧草及草坪草空间诱变方面的研究始于 1994 年，此次搭载的牧草之一就是苜蓿。

第一节 空间诱变对紫花苜蓿种子种皮结构的影响

一、苜蓿种子的种皮结构

苜蓿种皮的外部结构由于品种不同，大小也不同，形状有椭圆形、肾形等。种皮的颜色为黄褐色、土黄色等。苜蓿种皮一般由两层珠被发育而来，通常外珠被分化形成种皮各层结构，内珠被在有些种上退化消失。苜蓿种皮的横切面由 3 层细胞构成。第一层栅栏细胞，第二层厚壁细胞，第三层薄壁细胞。栅栏细胞除内切向壁不加厚，其他均加厚，且径向壁自内向外逐渐加厚，细胞基部腔隙大，其中是细胞核。每种栅栏细胞的径向上有不均匀的加厚，自外切壁向外一层一层突出加厚形成帽状突起，一般由两层组成。通常帽状突起的下层着色为黄绿色，上层着色为绿色。厚壁细胞一般为一层方形细胞，其中有一个较大的液泡，此细胞的径向壁加厚，切向壁不加厚。通过横切面观察发现，这层细胞因分布地方不同，细胞大小不同，但形态相同。通常在种脐对边很扁，到种脐两侧变得较方正，种脐附近较长。有些苜蓿品种这层细胞会有沉淀物。薄壁细胞位于种皮最内层。同一种类的苜蓿薄壁细胞层数因部位不同而不同，它在种脐两侧为 2~3 层细胞，到种脐对边就剩下一层细胞，而且变得很扁。种皮除上面 3 层细胞外，在离薄壁细胞不远处有一个由 1~2 层着色为红色的细胞组成，有一些绿色细胞附着其上，此为珠心或胚乳残余物。种皮虽然都是由这三层细胞组成，但是不同种类这三层细胞的长度、明线的有无及亮度、厚壁细胞中有无沉淀物、薄壁细胞的层数等均不同（图 2-1）。

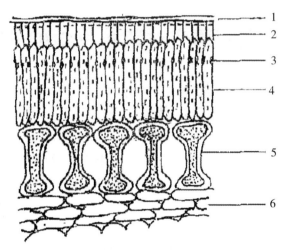

图 2-1 豆科种皮横剖面示意图（张义君，1986）

1. 表皮（cuticle）

表皮在种皮的最表面，栅栏细胞的外端，常由沉积在种子表面的蜡质、脂质半纤维素（fatty hemicellulose）或果胶质组成，因种不同，其可能为膜质、角质或纸质甚至在有些种子缺失，例如苜蓿，即无角质层存在。

2. 栅栏层（Palisade）

在表皮下边，由一层延长的、细胞壁加厚的巨大石细胞组成。栅栏层通常由一层细胞组成，但在种脐部位可能有两层栅栏层细胞分布，其中一层位于角质层外侧，称为反向栅栏层。成熟种子干种皮的坚硬和不透水性，主要是栅栏细胞收缩而引起的。

3. 黏质层（Mucilag-stratum）

栅栏细胞的外端周壁不断加厚，或多或少地成为胶质状。

4. 明线（Linea lucida, light line）

它又叫亮线，位于栅栏层较外部的 1/4 处，由于视觉上的影响，常有栅栏层是内外两层细胞组成的错觉。其主要是由栅栏层细胞内的纤维质物质及栓化层组成的致密区域，对种皮的不透性具有重要作用。

5.柱状细胞（Hour-glass cells）

柱状细胞位于栅栏层的内端，常呈圆柱状，但中部略细，具有膨大的星状端。因其细胞壁厚度与形态又称为沙漏状细胞或骨状石细胞。它们通常比相邻细胞要大，细胞间具较大间隙，在种脐部位，该层缺失。

6.海绵组织（mesophyll）

在柱状细胞下边由多层细胞构成种皮的躯体。干燥时收缩，湿润时强烈吸水膨胀。

二、空间诱变对紫花苜蓿种子种皮结构的影响

"实践八号"，2006年9月9日15时整，在酒泉卫星发射中心发射，在轨运行15d，于9月24日10时43分，卫星回收舱降落在四川省中部地区。卫星运行的近地点高度为180 km，远地点高度为469 km，轨道倾角为63°。"实践八号"育种卫星搭载了WL232、WL323HQ、BeZa87、Pleven6、龙牧801、龙牧803、肇东和草原1号8个品种苜蓿种子。

供试苜蓿3个品系是由新疆大叶、公农1号、WL323、Queen等国内外8个苜蓿品种经过多年选配而成。供试种子经过清选后，分为两份，一份缝入布袋，进行卫星搭载；另一份作为地面对照，保存于4℃。返地后，搭载种子与对照保存在4℃。随后对SP_0代种子表皮结构进行了微观观察。试验共设3组重复，每组试验材料包含5粒空间搭载种子，1粒地面对照种子。供试材料风干后，粘在有双面胶的样品托盘上，真空镀金，置于KYKY-2899B SEM型扫描电子显微镜下进行观察，在3 000倍下拍照保存。

地面对照的苜蓿种子表皮布满规则状圆状凸起，而且凸起分布均匀，凸起间间隙较小，表皮基本无可见孔隙（图2-2A）。与对照种子相比，卫星搭载种子表皮圆状凸起变得不规则，凸起间间隙增加且不均匀（图2-2B）。而且部分种子种皮出现了明显的孔隙。由此可见卫星搭载对苜蓿种子表皮结构有一定影响。

研究发现，苜蓿种子经过卫星搭载后，其表皮结构出现了不均匀、散在的团体颗粒，而且部分种子还出现了刻蚀孔。搭载种子表皮的这些变化可能主要是由空间重粒子轰击造成的。当空间重粒子轰击种子表皮时，会发生动量传递的质量沉积，可能导致种子表面的溅射和刻蚀作用，从而留下溅射和刻蚀的痕迹。这一结果与已有的低能离子注入种子的结果基本一致。已有的研究表明，

在粒子注入拟南芥干种子后，种子表面分布有不均匀的、散在的团体小颗粒。剂量增加，团体小颗粒的密集程度增大。产生这种现象可能有以下几种原因：

（1）对拟南芥干种子进行离子注入时，由于离子对种皮表面角质层的轰击作用，生物体表面二次离子的发射及溅射，使种子表皮分子碎片抛射出来。

（2）种子的最外层是外种皮的角质层，主要由脂类和蛋白质组成，离子注入后，由于弛豫过程，氮离子可与生物体组织形成以团粒状结构的聚集态，弥散分布在表面。随着注入时间的延长，后续的离子注入可使团体颗粒刻蚀在种子内。此外，刻蚀孔的出现形成了自由通道，为后续粒子及空气与水分进入种子内部提供了自由空间。这也正好可以解释为什么两次搭载诱变的效果要高于一次搭载，复合诱变的效果（搭载诱变 + 化学诱变或搭载诱变 + 地面粒子注入诱变）等模式优于单一的搭载诱变。

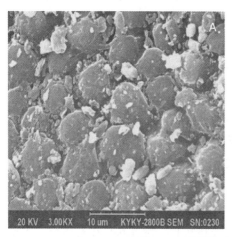

图 2-2　紫花苜蓿种子表皮电镜扫描图

注：A、B 放大 3 000 倍，A 为地面对照，B 为卫星搭载种子。图中箭头所指为空间搭载过程中空间重粒子穿透种皮时留下的孔洞

第二节　空间诱变对苜蓿种子萌发及其活力的影响

国际种子检验会议于 1950 年提出了种子活力（vigor）的概念，是指决定种子或种子批在萌发和出苗期间的活性水平和行为的综合表现。官方种子分析协会也于 1980 年对种子活力做出了定义，强调的是种子的生长优势以及对逆

境抵抗力的潜在能力。2004 年国际种子检验规程阐述了种子活力的相关表现能力，如种子发芽率、逆境及贮藏后种子的发芽能力的保持。种子活力是一种衡量种子质量的指标，是种子发芽率和出苗率、幼苗生长的潜势、植物抗逆能力和生产潜力的总和，是种子品质的重要指标。种子活力主要决定于遗传性以及种子发育成熟程度与贮藏期间的环境因子。遗传性决定种子活力强度的可能性，发育程度决定种子活力程度的现实性，贮藏条件则决定种子活力强度的可能性。

试验证明，空间诱变对植物生命活动及生长具有多方面重要影响。经过空间搭载的种子虽然能够正常萌发，但种子活力会受到不同程度的影响。分析认为，不同材料在空间飞行期间，种子的发芽情况有所不同。而且，植物材料对空间环境的敏感性不同，因此空间飞行后种子的发芽情况有所不同。而且，植物材料在空间飞行期间，其返回舱所处的条件如温度、湿度、高能重粒子密度等因素也不相同，因此研究结果也有所不同。

有研究表明，空间搭载对植物种子活力影响甚微。顾瑞琦等研究发现，空间搭载的小麦种子的萌发率和地面对照相比无差异；杨毅等搭载黄瓜种子的研究表明，卫星搭载后的种子经地面种植后无损伤。同时也有报道发现，空间诱变可以提高种子活力。例如，单成钢利用"实践八号"育种卫星搭载的丹参种子在返回地面后进行测定发现，空间诱变可以提高丹参种子的发芽率和出苗率，促进幼苗发育；空间搭载的梭梭种子表现出发芽快、生长整齐的特征；春大豆、非洲菊、番茄和小麦种子等经过航天搭载后，均表现出发芽率提高、萌动时间提前、种子活力提高和促进初期生长，与地面对照相比达到了显著水平。但是，部分研究结果表明，由于高空的强辐射、高真空、微重力以及其他不明因素的特殊环境，空间搭载后，植物种子受到一定程度的生理损伤，种子活力下降。卫星搭载番茄、水稻和烤烟种子的研究发现，空间搭载种子发芽率、发芽势和存苗率低于地面对照。由于空间条件特殊复杂，经过空间搭载的种子虽然能够正常萌发，但种子活力会受到不同程度的影响。空间搭载的牧草种子多花黑麦草和鸭茅种子发芽率高，但发芽势低；青椒的 SP1 代发芽率有增有减，重复搭载的材料 SP1 发芽率有所提高，但到了 SP2 代都基本恢复了原来的水平。

一、空间诱变对中苜1号、龙牧803和敖汉苜蓿种子萌发及其活力的影响

"第18颗返回式地球卫星"，2003年11月3日至21日，在轨运行18d。卫星运行的近地点高度为200 km，远地点高度为350 km，轨道倾角为63°。飞行期间平均辐射剂量0.102mGy/d，周期90 min。"第18颗返回式地球卫星"搭载了紫花苜蓿种子：中苜1号、龙牧803和敖汉苜蓿。

供试苜蓿种子经过清选后，分为两份，一份缝入布袋，进行"第18颗返回式地球卫星"搭载；另一份作为地面对照（CK）。2004年2月13日至27日部分搭载回收种子和地面对照种子做标准发芽试验。按照国际种子检验规程进行标准发芽实验，4次重复，每重复50粒种子。同时在播种30d后，进行田间出苗率统计。研究结果表明，空间搭载对苜蓿种子标准发芽率没有显著影响，均为81%；对田间出苗率同样没有显著影响，苜蓿田间出苗率略高于地面对照，但差异不显著（P>0.05）。随着种子含水量增加，搭载后标准发芽率有下降的趋势，种子含水量为14%时标准发芽率与其他含水量时差异显著（P<0.05）。同时还发现在发芽过程中，搭载时含水量为14%的种子种苗根部出现大面积损伤和糜烂，这是导致标准发芽率降低的主要原因。空间搭载对田间出苗率没有显著影响。敖汉苜蓿田间出苗率略高于地面对照，但差异不显著（P>0.05）。这说明空间搭载对紫花苜蓿种子的生理损伤较轻，对种子活力没有显著影响。有研究表明，紫花苜蓿搭载后SP1代出苗整齐，成活率无显著变化，这与本研究结果一致。

二、空间诱变对紫花苜蓿3个品系种子萌发及其活力的影响

2006年9月3个由中国农业科学院草原研究所提供的紫花苜蓿品系，品系1、品系2、品系4搭载我国"实践八号"育种卫星进行空间诱变处理。供试种子经过清选后，分为两份，一份缝入布袋，进行卫星搭载；另一份作为地面对照。返地后对其标准发芽率、发芽速度、种苗生长、发芽指数、活力指数等指标进行测试。实验采用纸上发芽，每日光照8 h，温度20℃；黑暗16 h，温度20℃。每处理3次重复，40粒种子。同时从置入芽床第1天计数到第7天为止，种苗长度在第4天测量，第7天时每处理取10株苗，称量苗重，计算平均苗重，计算种子活力指数及发芽指数。结果表明，搭载种子发芽数（第

1~7 天）比对照高出 20%~39.7%，其中品系 2 在第 1 天的发芽种子数差异显著（$P<0.05$）；各品系飞行种子的硬实率比地面对照低 13%~80%，其中品系 1 差异显著（$P<0.05$）；搭载后种子发芽率比对照高 1.7%~1.9%，品系 4 差异均不显著（$P>0.05$，表 2-1）。

卫星搭载对苗重的影响因品系而异。品系 1、品系 4 搭载飞行苗平均苗重高于地面对照，其中品系 4 的搭载苗重比地面对照高出 58.6%，差异达到显著水平（$P<0.05$）；品系 2 的搭载飞行苗平均苗重比对照低 40%，差异极显著（$P<0.01$）。卫星搭载后飞行苗的平均芽长高于地面对照，表现为增加趋势。其中品系 2 的搭载苗芽长比地面对照高 12.3%，差异达显著水平（$P<0.05$），品系 4 的搭载苗芽长比地面对照高 22.8%，差异达到极显著水平（$P<0.01$）。卫星搭载后飞行苗的平均根长分别比对照低 29%（品系 1）、55.7%（品系 2）和 27.7%（品系 4），表现为降低趋势，3 个品系差异均达到极显著水平（$P<0.01$）。3 个品系飞行苗的平均芽根比分别比对照高 140%（品系 1）、171%（品系 2）和 86.6%（品系 4），表现为增加趋势，3 个品系差异均达到极显著水平（$P<0.01$）。卫星搭载对种子活力指数的影响因品系而异。品系 1、品系 2 搭载飞行种苗活力指数分别比地面对照低 15.9% 和 33.2%，差异达到显著水平（$P<0.05$）；品系 4 的活力指数比地面对照高 10.1%，差异未达到显著水平（$P>0.05$）。卫星搭载后飞行苗的发芽势分别比地面对照高 6.2%（品系 1）、0%（品系 2）和 1.1%（品系 4），3 个品系差异均未达到显著水平（$P>0.05$）。卫星搭载后飞行苗的发芽指数分别比地面对照低 2.9%（品系 1）和 1.7%（品系 4），品系 2 比对照高 1.3%，3 个品系差异均未达到显著水平（$P>0.05$，表 2-2）。

常规的物理诱变如 γ 射线、粒子注入等，处理后种子的发芽率都会显著降低。但是空间诱变种子的发芽率基本在 90% 以上，其发芽率与地面对照无显著差异，不同品系间的结果基本一致。结合其他的相关报道，包括 2003 年的研究结果说明，空间诱变对搭载种子损伤轻，不易产生致死突变，搭载后绝大多数种子都能正常发芽。空间诱变对种苗生长有显著诱变效应，具体表现为正效应和负效应。正效应如苗重的增加（品系 1 与品系 4）或芽长的增加；负效应如平均苗重的减少（品系 2）、根长的降低等方面，其中以正效应为主。这说明空间搭载对飞行种苗有较好的正诱变效应，促进种苗的生长。

表 2-1　卫星搭载对不同品系苜蓿种子发芽率的影响

		平均值 ± 标准差 Mean ± SD								
		第 1 天	第 2 天	第 3 天	第 4 天	第 5 天	第 6 天	第 7 天	硬实种子	发芽率（%）
品系 1	对照	33.00 ± 1.73	36.67 ± 2.51	37.00 ± 3.64	37.67 ± 1.53	38.00 ± 2.00	38.00 ± 2.00	38.00 ± 2.00	1.66* ± 1.52	95.00 ± 5.00
	搭载	36.67 ± 2.08	37.67 ± 2.52	38.00 ± 2.00	38.33 ± 2.08	38.33 ± 2.08	38.33 ± 2.08	38.67 ± 1.53	0.33 ± 0.58	96.67 ± 3.82
品系 2	对照	22.67 ± 1.53	34.00 ± 3.61	34.67 ± 3.51	36.00 ± 2.00	36.00 ± 2.00	36.00 ± 2.00	36.00 ± 2.00	2.67 ± 2.08	90.00 ± 5.00
	搭载	31.67* ± 1.53	34.67 ± 0.58	36.00 ± 2.00	36.67 ± 2.52	36.67 ± 2.51	36.67 ± 2.51	36.67 ± 2.51	2.33 ± 1.53	91.67 ± 6.29
品系 3	对照	35.67 ± 0.58	38.33 ± 1.52	38.67 ± 1.52	38.67 ± 1.52	39.00 ± 1.00	39.00 ± 1.00	36.00 ± 2.00	0.00 ± 0.00	97.50 ± 2.50
	搭载	32.00 ± 8.66	38.67 ± 1.15	39.33 ± 1.15	39.33 ± 1.15	39.67 ± 0.58	39.67 ± 0.58	36.67 ± 2.51	0.33 ± 0.57	99.16 ± 1.44

注：* 表示差异显著（$P<0.05$），** 表示差异极显著（$P<0.01$）

表 2-2　卫星搭载对不同品系苜蓿种子种苗生长的影响

		平均值 ± 标准差 Mean ± SD						
		苗重（mg）	芽长（cm）	根长（cm）	芽根比	发芽势（%）	发芽指数	活力指数
品系 1	对照	22.33 ± 2.52	2.76 ± 0.53	3.24** ± 1.09	0.99 ± 0.58	67.5 ± 8.66	69.05 ± 8.05	414.32* ± 48.29
	搭载	25.67 ± 7.51	2.90 ± 0.47	2.30 ± 0.81	1.38** ± 0.46	71.7 ± 2.88	66.98 ± 4.15	348.34 ± 21.59
品系 2	对照	28.00** ± 0.00	2.35 ± 0.39	5.28** ± 0.78	0.46 ± 0.11	69.17 ± 3.81	62.69 ± 4.42	473.36** ± 33.44
	搭载	16.67 ± 2.89	2.64* ± 0.76	2.34 ± 0.76	1.25** ± 0.55	69.17 ± 3.81	63.48 ± 4.45	316.14 ± 22.18
品系 3	对照	13.67 ± 7.23	2.15 ± 0.55	3.39** ± 0.78	0.67 ± 0.22	72.5 ± 2.50	69.88 ± 6.02	317.27 ± 27.37
	搭载	21.67* ± 3.78	2.64** ± 0.53	2.45 ± 0.91	1.25** ± 0.66	73.3 ± 1.44	68.63 ± 4.93	349.32 ± 25.10

注：* 表示差异显著（$P<0.05$），** 表示差异极显著（$P<0.01$）

三、空间诱变对实践八号搭载8个紫花苜蓿品种种子萌发及其活力的影响

徐香玲等用"实践八号"育种卫星同时搭载了WL232、WL323HQ、BeZa87、Pleven6，龙牧801、龙牧803、肇东和草原1号8个品种的苜蓿种子。其中Pleven6品种苜蓿引自保加利亚；BeZa87苜蓿引自俄罗斯；WL232和WL323HQ两个苜蓿引自美国；龙牧801、龙牧803、肇东和草原1号4个品种苜蓿是国内品种。返地后，根据中华人民共和国农作物种子检验规程进行了发芽实验。

表2-3 实践八号卫星搭载8个苜蓿品种对种子发芽率和幼苗根长的影响

品种	发芽率（%）			幼苗根长（cm）		
	地面对照	卫星搭载	辐射生物损伤（%）	地面对照	卫星搭载	辐射生物损伤（%）
肇东	84	61	−27.38	5.62	2.94	−47.69
草原1号	78	79.5	1.92	5.45	3.77	−30.83
龙牧801	94	93	−1.06	4.49	3.51	−21.83
龙牧803	85	78	−8.24	4.59	4.25	−7.41
Pleven6	92	84	−8.70	4.84	4.01	−17.15
BeZa87	69	64.5	−6.52	4.76	3.55	−25.42
WL232	76.5	82.5	7.84	4.63	3.64	−21.38
WL323HQ	96	92	−4.17	3.86	3.54	−8.29

引自杜连莹，2010

研究结果显示，苜蓿种子经搭载后发芽率相比地面对照呈现出降低和增加两种变化。肇东、Pleven6、龙牧801、BeZa87、龙牧803和WL323HQ发芽率低于对照，肇东苜蓿发芽率受到的辐射损伤最大；WL232和草原1号发芽率高于对照。8个品种发芽试验四次重复间发芽率都在最大容许差距内。经实践八号卫星搭载后，8个苜蓿品种幼苗根长与对照相比呈现不同程度的变短，肇东苜蓿幼苗根长受到的辐射生物损伤最大，根长减少的幅度最大。这表明，实践八号卫星搭载对苜蓿幼苗的根长生长有明显的抑制作用（表2-3）。但基于前人关于紫花苜蓿搭载的研究结果表明，植物种子的发芽率和活力既可能降低，也可能提高，或者表现为无显著变化，具体因搭载条件和物种而异。

四、空间诱变对紫花苜蓿 3 个品系 PEG 胁迫下种子萌发及其活力的影响

上述关于紫花苜蓿空间诱变的研究均在标准发芽条件下进行，为了探索卫星搭载对苜蓿种子 PEG 胁迫发芽能力的影响，我们将"实践八号"育种卫星搭载的 3 个紫花苜蓿品系进行了 PEG 胁迫发芽实验。实验采用纸上发芽，4℃预冷 7 d 后移入发芽箱，每日光照 8 h，温度 20℃；黑暗 16 h，温度 20℃。PEG 浓度设置 3 个梯度：0%、10%、15%。每处理 3 次重复，每重复 40 粒种子。同时从种子萌发开始计数到第 7 天为止，种苗长度在第 4 天测量，第 7 天时每处理取 10 株苗，称量苗重，算平均苗重，计算种子活力指数和发芽指数。试验数据结果用 SPSS 12.0 统计软件 Independent samples T test 程序分析。

随着 PEG 浓度的增加，供试种子的发芽率呈降低趋势，硬实种子数呈增加趋势。对于品系 1，随着 PEG 浓度的增加，供试种子胁迫相对发芽率介于 63%~72%，搭载与对照之间无显著差异；在无 PEG 和 15% PEG 胁迫下，搭载种子的硬实种子数分别低于对照 80% 和 57%，差异显著（$P<0.05$）。对于品系 2，随着 PEG 浓度的增加，供试种子胁迫相对发芽率介于 72%~80% 之间，搭载与对照无显著差异；在 15%PEG 胁迫下，搭载种子硬实种子数低于对照 25%，差异显著（$P<0.05$）。对于品系 4，在 15% PEG 胁迫下，搭载种子硬实种子数低于对照 50%，差异显著（$P<0.05$，表 2-4）。

表 2-4 卫星搭载对苜蓿种子 PEG 胁迫发芽率和硬实率的影响

		发芽率（%）			休眠种子数		
		0% PEG	10% PEG	15% PEG	0% PEG	10% PEG	15% PEG
品系 1	对照	95.00	63.33	66.25	1.66	2.00	2.33
	搭载	96.67	61.67	70.00	0.33	1.67	1.00
品系 2	对照	90.00	72.5	65.00	2.67	3.33	4.00
	搭载	91.67	73.33	66.67	2.33	2.67	2.97
品系 4	对照	97.50	85.00	70.00	0.00	1.67	0.67
	搭载	99.16	78.33	71.67	0.33	2.00	0.33

注：同列中不同字母间差异显著（$P<0.05$）

随着 PEG 浓度的增加，供试种子的芽长、根长和苗重均呈先降低后升高的趋势（表 2-5）。对于品系 1，在无 PEG 胁迫条件下，搭载组的种苗

芽长、苗重比对照分别增加 5% 和 15%，表现为正诱变效应，根长显著减少（$P<0.05$），诱变损伤达到 29%；在 10% 和 15% PEG 胁迫条件下，搭载组的芽长、根长和苗重均低于对照，其中 10% 胁迫下芽长和根长诱变损伤分别达到 −30% 和 −46%，差异显著（$P<0.05$），15% 胁迫下芽长诱变损伤达到 32%，差异显著（$P<0.05$）。对于品系 2，在无 PEG 胁迫条件下，搭载组种苗的芽长和苗重均显著增加，表现为正诱变效应，其中苗重增加 68%，差异显著（$P<0.05$），根长比对照降低 55%，表现为负诱变效应，差异显著（$P<0.05$）。在 10% 和 15% PEG 胁迫条件下，搭载组的芽长和苗重也高于对照，其中 10% 胁迫下，差异达到显著水平（$P<0.05$）；根长均低于对照，诱变损伤达到 8.44%，差异不显著。对于品系 4，在无 PEG 胁迫条件下，搭载组种苗的芽长和苗重均显著增加，表现为正诱变效应，其中芽长增加 23%，苗重增加 25%，差异显著（$P<0.05$），根长比对照降低 28%，表现为负诱变效应，差异显著（$P<0.05$）；在 10% 胁迫下，搭载组的芽长、根长和苗重均低于对照，其中芽长降低 26%，苗重降低 37%，差异显著（$P<0.05$），在 15% 胁迫下，搭载组种苗的芽长和苗重均增加，正诱变效应分别为 4% 和 13%，差异显著（$P<0.05$），根长表现负效应为 −12%，差异显著（$P<0.05$）。

表 2-5　卫星搭载对苜蓿种子 PEG 胁迫幼苗生长情况的影响

PEG 浓度（%）	处理	芽长（cm）	诱变损伤（%）	根长（cm）	诱变损伤（%）	苗重（mg）	诱变损伤（%）
品系 1							
0	对照	2.76	0	3.24	0	22.33	0
	搭载	2.90	5.07	2.3	−29.01	25.67	14.96
10	对照	2.35	0	2.31	0	17.67	0
	搭载	1.64	−30.21	1.23	−46.75	13.33	−24.56
15	对照	2.63	0	5.93	0	23.00	0
	搭载	1.80	−31.56	5.21	−12.1	22.33	−2.91
品系 2							
0	对照	2.35	0	5.28	0	16.67	0
	搭载	2.64	12.3	2.34	−55.68	28.00	67.96
10	对照	1.92	0	2.37	0	13.67	0
	搭载	2.31	20.3	2.17	−8.44	20.00	49.59
15	对照	2.58	0	4.75	0	23.67	0
	搭载	2.70	4.65	4.65	−2.11	24.00	1.39

（续表）

	PEG 浓度（%）	处理	芽长（cm）	诱变损伤（%）	根长（cm）	诱变损伤（%）	苗重（mg）	诱变损伤（%）
品系4	0	对照	2.15	0	3.39	0	13.33	0
		搭载	2.64	22.79	2.45	−27.73	16.67	25.06
	10	对照	2.01	0	2.25	0	21.67	0
		搭载	1.48	−26.37	2.02	−10.22	13.67	−36.92
	15	对照	2.52	0	5.28	0	22.67	0
		搭载	2.62	3.97	4.65	−11.93	25.67	13.23

在无 PEG 胁迫条件下，品系 1 和品系 2 搭载组的活力指数比对照分别低 16% 和 33%，差异显著（$P<0.05$，图 2-3a）；在 10% 胁迫下，品系 1 和品系 2 搭载组的活力指数比对照分别低 24% 和 35%，差异显著（$P<0.05$，图 2-3b）。品系 2 对照种子的发芽势比搭载组高 1.2 倍，差异显著（$P<0.05$，图 2-4）。

卫星搭载对苜蓿种子标准发芽率、PEG 胁迫发芽率均无显著影响。这与已有的研究结果也是一致的。徐云远等研究发现，苜蓿种子搭载后，搭载当代和二代种子的标准发芽率和盐胁迫绝对发芽率均无显著变化。这说明空间诱变对搭载种子损伤轻，不易产生致死突变，搭载后绝大多数种子都能正常发芽。空间搭载对种苗生长的各项指标表现出正负两种效应。搭载后芽长、苗重显著

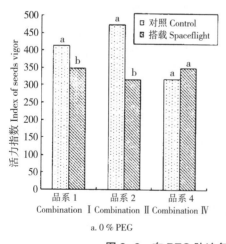

a. 0 % PEG

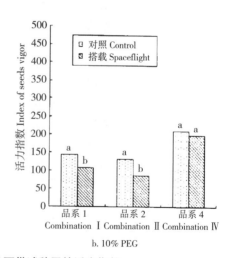

b. 10% PEG

图 2-3　在 PEG 胁迫条件下供试种子的活力指数

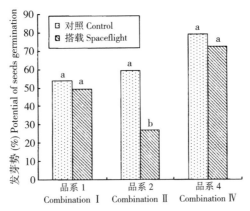

图 2-4　10% PEG 胁迫条件下供试种子发芽势

增加，根长反而减少，尤其是在 PEG 胁迫时更为明显。拟南芥种子在空间飞行萌发时，其种子根的生长速度也受到抑制，其原因可能是空间飞行因子，尤其是微重力，导致细胞分裂紊乱和染色体畸变，从而影响植物生长发育与信号感应。搭载材料的遗传背景对搭载效应有显著影响。3 个搭载品系中，品系 1 主要为强烈的负效应，表现为芽长、根长和苗重的显著降低；品系 2、4 主要为正效应，表现为芽长和苗重的显著增加。由于空间搭载的成本相对较高，而且搭载效应因材料基因型而异。因此通过开展对不同基因型材料诱变效应的研究，选择理想诱变基因型材料是很有必要的。

五、空间诱变对紫花苜蓿盐胁迫下种子萌发及其活力的影响

供试苜蓿品系种子由中国农业科学院草原所提供，随机分为 2 份，1 份作为对照 CK，另 1 份用于搭载。搭载种子封入布袋搭载于我国发射的实践八号育种卫星进行空间诱变处理。对照品种中苜 1 号种子由中国农业科学院北京畜牧兽医研究所提供。

供试种子消毒（75% 酒精浸 1 min+30% H_2O_2 浸泡 30min）后，用无菌水冲洗干净，接种于无菌苗培养基（MS+7.5g/L 琼脂 +30g/L 蔗糖）进行发芽试验。盐浓度设置 5 个水平 0mmol/L、50mmol/L、100mmol/L、150mmol/L 和 250mmol/L。每个水平设 4 个重复，每个重复 50 粒种子。培养条件，温度 25℃，光照强度 2 500lx，光暗周期 16h/8 h，1 周后开始统计正常种苗数、不正常种苗数、死种子数，并计算种子发芽率。

随着 NaCl 浓度的增加，到浓度为 250mmol/L 时，苜蓿种子发芽率与

0mmol/L 的比较差异极显著（$P<0.01$）。无盐胁迫，中苜 1 号、地面对照及搭载种子发芽率达到 98％ 以上，三者间无显著差异（$P>0.05$）。研究发现，经太空诱变后，苜蓿种子耐盐发芽能力显著提高，表现为种子发芽速度快，发芽率显著提高。

六、空间诱变对紫花苜蓿 SP2 代种子萌发及活力的影响

千粒重是鉴定种子活力的重要指标之一，与种子内部贮藏营养物质的多少、饱满度、颗粒大小、充实程度呈正比。该试验将试验田分为 61 个小区，收集 SP1 代种子时，每个小区随机选取 3~4 株植株收取种子，独立包装。称量千粒重采取每株随机选取 100 粒种子称重，设 3 个重复取平均值的称量方法。结果表明，经过空间诱变后，3 个品系的种子千粒重均呈增加趋势，其增加幅度介于 5％~9％，差异均达显著水平（$P<0.05$，图 2-5）。正常种苗、种子发芽率增加 13％~32％，显著增加（$P<0.05$，表 2-6）；死种子数显著增加（$P<0.05$）；硬实种子数降低 14％~15％，差异显著（$P<0.05$）；霉变种子数降低 21％~33％，除品系 2 外，差异均达到显著水平（$P<0.05$）。经过空间诱变后，品系 2、品系 4 的幼苗重比对照增加 7％~14％，差异显著（$P<0.05$），品系 1 无显著变化；品系 2、品系 4 的飞行幼苗的芽长比对照增加 17％~26％，差异显著（$P<0.05$），品系 1 飞行幼苗芽长略有增加，差异不显著（$P>0.05$）；

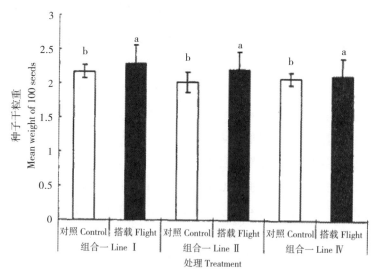

图 2-5　空间诱变对紫花苜蓿二代种子千粒重的影响

经过卫星搭载后，品系1、品系2的幼苗根长比对照增加11%~12%，差异显著（$P<0.05$），品系4根长比对照略有增加，差异不显著（$P>0.05$）；经过卫星搭载后，幼苗根长比对照增加10%~18%，3个品系均达到显著水平（$P<0.05$，表2-7）。

表2-6　卫星搭载对紫花苜蓿种子发芽的影响

	处理	正常种苗数	霉变	死种子数	硬实种子数	发芽率（%）
品系1	对照	$7.80^b \pm 2.05$	$9.60^a \pm 5.03$	$0.00^b \pm 0.00$	$14.67^a \pm 2.73$	$26.02^a \pm 6.84$
	搭载	$8.83^a \pm 2.13$	$6.05^b \pm 2.25$	$0.20^a \pm 0.45$	$12.4^b \pm 4.50$	$29.45^a \pm 7.11$
品系2	对照	$5.57^b \pm 1.72$	$11.0^a \pm 3.16$	$0.14^a \pm 0.38$	$13.28^a \pm 3.73$	$18.58^b \pm 5.75$
	搭载	$8.00^a \pm 3.53$	$10.6^a \pm 2.14$	$0.20^a \pm 0.44$	$11.20^b \pm 5.21$	$26.68^a \pm 11.79$
品系3	对照	$7.67^b \pm 4.08$	$12.67^a \pm 3.93$	$0.00^a \pm 0.06$	$10.87^a \pm 3.22$	$25.56^b \pm 13.60$
	搭载	$10.12^a \pm 4.58$	$10.00^b \pm 3.85$	$0.33^a \pm 0.52$	$9.33^b \pm 2.65$	$11.75^a \pm 15.28$

注：表中不同字母表示差异显著（$P<0.05$）

表2-7　卫星搭载对紫花苜蓿种苗的影响

	处理	苗重（g）	芽长（cm）	根长（cm）	芽根比
品系1	对照	$0.033^a \pm 0.006$	$2.12^a \pm 0.66$	$2.45^b \pm 1.36$	$1.08^a \pm 1.37$
	搭载	$0.032^a \pm 0.035$	$2.20^a \pm 0.67$	$2.80^a \pm 1.33$	$1.19^a \pm 0.90$
品系2	对照	$0.028^b \pm 0.006$	$1.99^b \pm 0.53$	$2.81^b \pm 1.29$	$1.09^b \pm 1.67$
	搭载	$0.030^a \pm 0.007$	$2.34^a \pm 0.62$	$3.14^a \pm 1.32$	$1.33^a \pm 1.66$
品系3	对照	$0.049^b \pm 0.068$	$1.76^b \pm 0.82$	$2.44^b \pm 1.32$	$0.98^b \pm 0.90$
	搭载	$0.056^a \pm 0.010$	$2.22^a \pm 0.59$	$2.60^a \pm 1.33$	$1.08^a \pm 0.67$

注：表中不同字母表示差异显著（$P<0.05$）

七、空间诱变对不同含水量紫花苜蓿种子萌发及其活力的影响

刘荣堂等精选了2份紫花苜蓿"中苜一号"品种种子：一份用于卫星搭载，另一份作为地面对照（CK）。搭载前对种子进行水分预处理，分别调为9%（自然含水量）、11%、13%、15%和17%。将处理后的种子封入布袋，搭载"实践八号"育种卫星。地面对照贮存于温度相近（25℃左右）的环境中。发芽实验参照牧草检验规程标准方法进行发芽试验，采用纸上发芽，5℃预冷7d后移入发芽箱，每日光照8h，温度30℃；黑暗16h，温度20℃。初次计数第5天，末次计数第14天。共八个处理，每处理3次重复，每重复50粒

种子。

发芽指数和活力指数是任选 50 粒种子，重复 3 次（其他条件同标准发芽实验），从种子萌发开始计数到第 7 天为止，种苗长度在第 3 天测量，计算种子活力指数和发芽指数。

结果表明，地面对照种子的各水分含量间差异不显著，发芽势、发芽率和发芽指数均以 15% 和 17% 含水量最低，表明种子含水量对种子贮藏品质产生了一定程度的不利影响，种子有老化趋势。搭载处理对各项指标有影响，发芽势、发芽率、发芽指数和活力指数均以含水量 13% 组最高（表 2-8）。

表 2-8　种子卫星搭载含水量对发芽的影响

项目	处理	含水量				
		9%	11%	13%	15%	17%
发芽势（%）	CK	77.3	80.3*	79.3	74.3	76.5
	SP	78.5	78.0	81.1	78.0*	77.5
发芽率（%）	CK	78.5	81.8*	80.5	75.0	77.5
	SP	79.0	79.0	81.3	78.8*	79.8*
发芽指数	CK	27.1	28.2	27.8	26.1	26.9
	SP	27.5	27.4	28.4	27.4	27.4*
简化活力指数	CK	440.1*	446.7*	460.1	414	469.8
	SP	430.2	441.1	521.8*	413	475.2*

注：* 表示同一指标相同含水量的地面对照和卫星搭载间差异显著（$P<0.05$）。（引自冯鹏，2008）

不同含水量搭载组与地面对照之间各发芽指标都存在差异，其中含水量 9% 组活力指数搭载组低于对照，差异达到显著水平（$P<0.05$）；含水量 11% 组发芽率、简化活力指数搭载组显著低于对照（$P<0.05$，表 2-8）；13% 组简化活力指数搭载组显著高于对照（$P<0.05$）；15% 组发芽势、发芽率搭载组显著高于对照（$P<0.05$）；17% 组发芽率、发芽指数、简化活力指数搭载组显著高于对照（$P<0.05$）。结果表明，卫星搭载对含水量 9%、11% 组有一定抑制作用，而对含水量 13%、15%、17% 组有一定促进作用。

第三节 空间诱变对紫花苜蓿种子化学成分的影响

一、紫花苜蓿种子的化学成分

不同品种紫花苜蓿种子水分、灰分、粗蛋白质、粗脂肪和氨基酸含量有差异。以"工农一号"紫花苜蓿种子为例，其种子干物质中粗蛋白质含量为 31.63%，氨基酸含量为 12.03%，远高于其鲜苜蓿干物质中粗蛋白质含量 15%~25%。脂肪酸中油酸含量为 12.22%、亚油酸 16.34%、亚麻酸 11.57%、硬脂酸 48.15%、棕榈酸 0.385% 及未知酸 1.538%。同时，紫花苜蓿中氨基酸丰富，氨基酸总含量达到 120.33 mg/g，其中以谷氨酸含量为最高，蛋氨酸含量为最低。必需氨基酸总含量达到 40.57 mg/g，必需氨基酸中以赖氨酸含量为最高，含量为 9.37 mg/g。非必需氨基酸中以谷氨酸含量为最高，含量为 17.31 mg/g。苜蓿干物质中，赖氨酸含量仅 1.06%~1.38%，苜蓿种子干物质中赖氨酸含量是苜蓿干物质中赖氨酸含量的 7~8 倍，说明苜蓿种子具有极高的营养价值。

不同紫花苜蓿矿质元素组成及含量同样具有差异。"工农一号"紫花苜蓿种子含有 23 种矿质元素，含量最高的元素为 Ca，含量为 $7.26 \times 10^3 \mu g /g$，含量最低的元素为 Mo，含量为 $0.007 \mu g /g$。人体必需且具有重要药理活性的微量元素，如：Fe、Mn、Cu、Zn、Mo 等在紫花苜蓿种子里均含有。据研究报道，Fe、Mn、Cu、Zn、Mo 等元素对人体有直接的作用，并参与新陈代谢的过程。Mn、Mo 两种元素是多种癌细胞的克星，具有一定的抗癌作用。Fe 为人体合成血红蛋白所需；Cu、Zn 包含在许多金属蛋白和酶中；Mn 是构成机体内精氨酸酶、脯氨酸酶的成分。因此，紫花苜蓿种子具有较高的矿质营养价值。

二、空间诱变对紫花苜蓿种子化学成分的影响

紫花苜蓿种子由中国农业科学院草原研究所提供。将精选后的种子分为两份：一份作地面对照（CK），另一份用于搭载。将处理好的种子封入布袋，搭载"实践八号"育种卫星进行空间诱变处理。卫星运行期间舱内温度为 7.21~20.72℃。"实践八号"育种卫星重粒子流量率为 4.44 个 / （cm² · d），植物种子所受低 LET 空间辐射的剂量平均为 4.79m Gy。试验使用德国 Bruker 公

司的傅里叶变换红外／拉曼 E 55+FRA 106 型光谱仪，激发波长 514.5 nm，光谱分辨率 4 cm^{-1}，测量范围 100~4 000 cm^{-1}，扫描信号累加 16 次。数据处理与图像绘制使用软件 Origin Pro 8.0 中 Analysis–Spectroscopy 程序包进行分析。

　　结果发现，经过卫星搭载后，358 cm^{-1} 和 553 cm^{-1} 处峰强增加（图 2–6），通过谱带归属（表 2–9），358 cm^{-1} 与游离 Ca^{2+} 有关。已有的研究表明，在植物重力感应系统中，Ca^{2+} 是重要的信号传导因子。因此，我们推断在空间飞行过程中，苜蓿种子常处于失重或超重（加速阶段）状态，这一状态启动了种子细胞内的重力响应机制，通过 Ca^{2+} 活动的增强与重新分布，将重力响应信号传递到细胞的其他部位。最新的研究为这一推论提供了新的证据。Toyota 等研究发现在超重状态下，拟南芥幼苗细胞质内的游离 Ca^{2+} 浓度显著升高。553 cm^{-1} 处与胸腺嘧啶有关，而且该碱基是细胞遗传物质 DNA 的重要组成部分。因此，其原因可能是：① 与空间飞行过程中产生的 DNA 损伤及其修复过程有关；② 其他研究结果表明，空间飞行种子的萌动提前。种子萌动后 DNA 大量合成复制为细胞分离做准备。

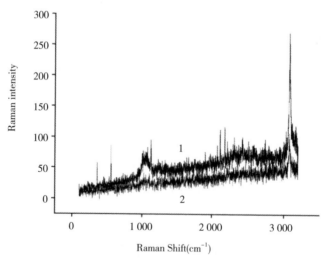

图 2–6　空间搭载与地面对照的拉普曼比较分析

　　另外，与对照相比，飞行种子 814 cm^{-1}，1 122 cm^{-1}，1 531 cm^{-1}，1 743 cm^{-1} 等 4 个峰强均显著降低，经过谱带归属，814 cm^{-1} 与 1 743 cm^{-1} 与脂类代谢有关，1 122 cm^{-1} 与糖类代谢有关。糖类和脂类是苜蓿种子的主要组成，其生物学功能是为种子萌发提供能量。因此，其原因可能是：① 空间飞行导致 DNA

损伤，种子提前动用储备的能量物质（糖类与脂类）用于 DNA 修复。② 种子提前萌动时，为 DNA 大量复制提供能量。$1\ 531\ cm^{-1}$ 与类胡萝卜素及其他色素有关，这一变化可能与宇宙射线导致的生物降解有关。

　　空间诱变对苜蓿种子的化学组分有显著影响。其中游离 Ca^{2+} 和 DNA 量显著增加，脂类与糖类等能量物质的量降低，这可能与空间诱变 DNA 损伤的修复及 种子提前萌动有关，具体有待进一步深入研究确认。

表 2-9　拉普曼光谱及其生物学功能分类

Raman shift(cm^{-1})	Tentative assignment	Possible materials/functions	state
358	Calcium	Cell signal transmission	Up-regulating
553	δN_1-C_2-N_2Thymine	Deoxyribonucleic acid synthesis	Up-regulating
612	νC-C Fatty acid chain	Unsaturated fatty acid	Down-regulating
814	νC-C Fatty acid chain	Unsaturated fatty acid	Down-regulating
1 122	νC-O Saccharide	Energy reserve	Down-regulating
1 531	νC=C	Carotenoids or coloning matter	Down-regulating
1 743	νC=C Ester	Fatty acids	Down-regulating

参考文献

高荣岐，张春庆. 2009. 作物种子学 [M]. 北京：中国农业出版社.

顾瑞琦，沈惠明. 1989. 空间飞行对小麦种子的生长和细胞学特性的影响 [J]. 植物生理学报，15（4）：403-407.

郭慧琴，李晶，任卫波，等. 2013. 太空诱变对紫花苜蓿耐盐性及离体再生的影响 [J]. 草原与草坪，33（1）：25-28.

胡小文. 2008. 豆科植物种子休眠形成与破除机制研究 [D]. 兰州：兰州大学.

郭亚华，邓立平，蒋兴村，等. 1995. 利用卫星搭载培育番茄新品系 [C]. 北京：航天育种论文集：151-155.

刘巧媛，王小菁，廖飞雄，等. 2006. 卫星搭载后非洲菊种子的萌发和离体培养研究初报 [J]. 中国农学通报，22（2）：281-284.

马海燕. 2005. 苜蓿辐射空变体诱导和愈伤组织高效再生的研究 [D]. 新疆：新

疆农业大学.

任卫波, 张蕴薇, 韩建国. 2004. 空间诱变研究进展及其在我国草育种上的应用前景 [J]. 草业科学, （增刊）：454−459.

任卫波, 韩建国, 张蕴薇. 2006. 几种牧草种子空间诱变效应研究 [J]. 草业科学, 20（3）：72−76.

任卫波, 王蜜, 陈立波, 等. 2008. 卫星搭载对苜蓿种子 PEG 萌发及生长的影响（简报）[J]. 草地学报, 16（4）：428−430.

任卫波, 王蜜, 郭慧琴, 等. 2009. 卫星搭载对不同品系紫花苜蓿种子萌发及其幼苗生长的影响 [J]. 种子, 28（1）：1−6.

任卫波, 张蕴薇, 邓波. 2010. 卫星搭载紫花苜蓿种子的拉曼光谱分析 [J]. 光谱学与光谱分析, 30（4）：988−990.

单成钢, 倪大鹏, 王维婷, 等. 2009. 丹参种子航天搭载的生物学效应 [J]. 核农学报, 23（6）：947−950.

王梅, 杨冬野. 2009. "神舟"四号飞船搭载的梭梭 ISSR 分析 [J]. 西北大学学报, 23（2）：259−263.

王蜜, 任卫波, 郭慧琴, 等. 2010. 卫星搭载对紫花苜蓿二代种子诱变效应的研究 [J]. 安徽农业科学, 38（20）：10 743−10 744.

王瑞珍, 程春明, 胡水秀, 等. 2001. 春大豆空间诱变性状变异研究初报 [J]. 江西农业学报, 13（4）：62−64.

温贤芳, 张龙, 戴维序, 等. 2004. 天地结合开展我国空间诱变育种研究 [J]. 核农学报, 18（4）：286−288.

吴岳轩, 曾富华. 1998. 空间飞行对番茄种子活力及其活性氧代谢的影响 [J]. 园艺学报, 25（2）：165−169.

余琳. 1999. 新疆苜蓿属种皮、果皮形态结构的观察 [J]. 新疆农业科学, 3：100−103.

徐云远, 贾敬芬, 牛炳韬. 1996. 空间条件对 3 种豆科牧草的影响 [J]. 空间科学学报, （16）：136−141.

杨毅, 隋好林. 2001. 卫星搭载黄瓜主要性状的变异研究 [J]. 山东农业大学学报（自然科学报）, 32（2）：171−175.

张义君, 周琦震. 1986. 豆科种子鉴别方法的研究 [J]. 种子, 2：14−17.

张蕴薇, 韩建国, 任卫波, 等. 2004. 植物空间诱变育种及其在牧草上的应用

[J]. 草业科学，18（3）：59 –63.

张蕴薇，邓波，杨富裕，等 . 2012. 航天育种工程 [M]. 北京：化学工业出版社，45–46.

Kiss J L, Brinckmann E, Brillcuet C. 2000.Development and growth of several strains of Arabidopsis seeding in microgravity [J]. International Journal of Plant Science,161（1）: 55-62.

Kruger N J, Kombrink E, Beevers H. 1983. Pyrophosphate: fructose-6-phosphate phosphotransferase in germination castor bean seedlings [J]. FEBS Letters, 153:409-412.

Legue V. 1992.Cell cycle and differentiation in lentill wots grown on a slowly rotating clinostat [J]. Physiologia Plantarum, 8（3）: 386-392.

Perry D A. 1981. Report of the vigour test committee 1977--1980 [J]. Seed science and technology（1）: 115-126.

Ren W B, Hang Y W, Deng B, et al. 2010.Effect of space flight factors on alfalfa seeds [J]. African Journal of Biotechnology, 9（43）: 7 273-7 279.

Wei L J, Yang Q, Xia H M. 2006b .Analysis of cytogenetic damage in rice seeds induced by energetic heavy ions on-ground and after space flight [J]. Rad. Res, 47（3）: 273-278.

Xiao W M, Yang Q Y, Chen Z Q . 2009.Blast-resistance inheritance of space induced rice lines and their genomic polymorphism by microsatellite markers [J]. Agric. Sci. China, 8（4）: 387-393.

第三章　空间诱变对苜蓿表型性状的影响

第一节 空间诱变对苜蓿产草量相关性状的影响

近地空间环境具有微重力、高真空、强烈空间辐射及弱地球磁场的特点，当生物处于这些特殊条件中，其器官形态、生理代谢、主要遗传特性均会受到不同程度的影响，生物个体发生不同水平的变异。空间诱变对主要农作物的诱变效应已有了较为系统的研究，包括农艺性状变异、抗病抗逆性变异、籽粒品质指标研究、细胞水平研究、DNA 水平检测等。研究表明紫花苜蓿经航天诱变后，表现出较强的诱变效应，SP1、SP2 代植株株高、分枝数等与产量性状相关性状均发生明显变化，且材料敏感性不同。

一、空间诱变对苜蓿 SP1 株高的影响

中国农业科学院草原研究所 2006 年通过"实践八号"卫星（2006 年 9 月 9 日—2006 年 9 月 24 日飞行 15 d）进行空间诱变处理 4 个苜蓿品系。对于其中 3 个品系的株高情况统计发现，卫星搭载对紫花苜蓿苗期平均株高无显著影响，但是株高的极差明显增加（表 3–1）。株高极差增加的幅度在 3 个品系间存在显著差异，其中品系 1 最为明显，其搭载组株高极差比对照增加 140%，品系 2 中搭载组仅比对照增加 50%，这表明卫星搭载对株高的影响主要表现在变异范围的增加，通过选择，可获得株高增加的变异材料。为了证实这一推论，以大于对照株高平均值 +3 倍标准差为标准，对所选的搭载株（各品系 110 株）进行筛选。品系 1 共选出 7 株，入选率为 6%，其中 4 株株高高于对照平均值 +4 倍标准差。品系 2 选出 5 株，入选率为 4%；品系 4 选出 7 株，其中 2 株株高高于对照平均值 +4 倍标准差。当然所选出的变异候选株还有待后续世代观察和遗传分析加以确认。

卫星搭载对紫花苜蓿株高的影响因品种和发育时期而异。该研究的 3 个品系在苗期株高平均值与对照均无显著差异，这与前人报道结果不同。中苜 1 号

苗期株高低于对照，分枝期和初花期株高高于对照；而敖汉苜蓿则在苗期、分枝期和初花期均高于对照；其可能的原因有 2 个：其一可能是由于搭载品种不同，基因背景的差异导致搭载效果的差异；其二是测量时期不一致造成的。该研究主要集中在播种 5 周内幼苗生长情况；而前者的研究是针对播种第 18 周以后的幼苗，发育时期的不同可能会导致研究结果的差异。但是该研究发现卫星搭载组幼苗株高的变异范围明显增加，通过以平均值 +3 倍标准差为标准，初步筛选获得多个疑似高株变异株。这些候选株的出现具体是由于生理损伤引起的还是遗传变异所致，还有待进一步研究。而在以对照平均值 −3 倍标准差为标准，筛选矮秆变异株时，却没有成功，在测量的 110 株中没有 1 株符合条件。其原因可能是这次搭载诱变中，矮秆变异的频率低于高杆变异，而且用于选择的搭载株较少，选择范围过窄所致。由此可见选择范围较小，则会导致一些稀有变异材料的缺失。因此有必要在搭载二代变异材料筛选时扩大选择群体的范围，而选择范围过大，则会导致成本过高。为了提高选择效率，降低筛选成本，开展不同搭载材料空间变异性状变异频率研究是非常有必要的。

表 3-1 卫星搭载对苜蓿株高的影响

材料	处理	4 月 22 日		4 月 30 日		5 月 8 日		5 月 16 日	
		平均值	极差	平均值	极差	平均值	极差	平均值	极差
品系 1	搭载	3.89 a	6.1	6.97 a	10.8	8.53 a	15.1	10.47 a	13.8
	对照	3.71 a	2.7	6.61 a	4.5	7.66 a	6.4	10.05 a	3.6
品系 2	搭载	3.87 a	6.3	6.83 a	8.9	7.89 a	10.6	10.55 a	16.6
	对照	3.74 a	4.5	6.53 a	7.4	7.84 a	9.6	10.77 a	10.9
品系 4	搭载	3.92 a	4.8	6.89 a	9.2	8.35 a	16.7	11.01 a	14.3
	对照	3.84 a	3.5	7.08 a	5.2	8.06 a	9.6	11.62 a	9.9

注：同列中不同字母表示数值间差异显著（$P < 0.05$）

二、空间诱变对苜蓿 SP1 茎粗的影响

茎粗是影响牧草产量的主要因素之一。同等条件下，茎粗越大，牧草生物量越高。试验结果表明，卫星搭载对苜蓿当代植株的茎粗有影响，具体因品系而异（图 3-1）。品系 1，搭载组与对照组茎粗无差异，而且通过单株选择，在 110 株搭载株中没有任何符合条件的单株；品系 2，搭载组平均茎粗高于对照组，但差异不显著（$P > 0.05$）。通过单株选择，获得 2 株变异株，其茎粗 >

（对照平均值 +3 倍标准差）；品系 4，搭载组的平均茎粗高于对照组，但差异不显著（$P>0.05$），通过单株选择，无符合条件单株。

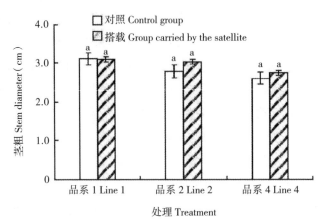

图 3-1 卫星搭载对苜蓿当代植株茎粗的影响

注：图中小写字母不同表示差异显著（$P<0.05$）

三、空间诱变对苜蓿 SP1 植株生长速率的影响

苜蓿植株苗期生长速率总体上呈先降低后增加的趋势，其中播种后第 1 周生长速率最快，第 3 周生长速率最低，第 4 周生长速率有所增加（图 3-2）。结果分析表明，卫星搭载对播种第 2 周的生长速率有显著影响。搭载组的生长速率高于对照，3 个品系均达到差异显著水平。

苗期的生长速度直接决定了苜蓿的定植能力，发育速度快的植株不仅能更快地获取养分和光照，还可以有效地抑制杂草的生长。然而目前关于卫星搭载对苜蓿苗期生长速率影响的报道较少。该研究初步就卫星搭载对苜蓿苗期生长速率进行了观察研究。结果发现，卫星搭载对幼苗生长速率的影响因发育时期而异，其中搭载组幼苗第 3 周的生长速率显著高于对照组。其原因可能是出于根部生长发育的需要，从第 2 周开始，地上部的生长开始减缓，表现为生长速率的降低。可能是在卫星搭载过程中某些因素的影响，导致空间诱变组幼苗根的发育受到部分抑制或者延迟，从而出现了空间诱变的苗地上部生长速率高于对照的现象。同期进行的室内发芽试验结果初步证实了这一点。与对照相比，3 个品系空间诱变组种苗的根长均显著降低（$P<0.05$），降低幅度最高达 55%。为了进一步确认，有必要在下一步的研究中，同时对地上部和地下部生长进行

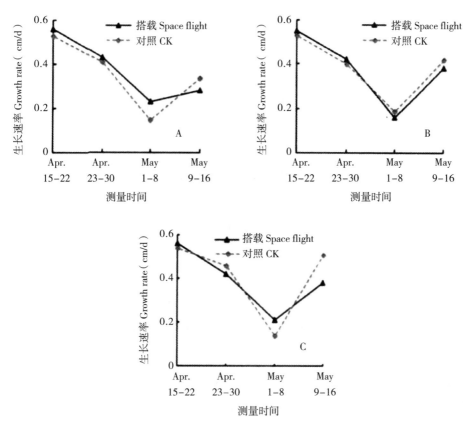

图 3-2　卫星搭载对生长速率的影响

注：A 为品系 1；B 为品系 2；C 为品系 4。横坐标上 Apr.15 -22 指 4 月 15 日至 22 日平均生长速率。依此类推。

动态检测。

四、空间诱变对苜蓿 SP1 植株初级分枝数的影响

初级分枝数是影响牧草生物量和质量的主要因素之一。一般而言，初级分枝数越多，牧草的生物量和质量就越高。试验结果表明，卫星搭载对苜蓿当代植株的初级分枝数有显著影响，具体因品系而异（图 3-3）。品系 1，搭载组的初级分枝数低于对照组，差异不显著（$P>0.05$），经过选择，有 2 株变异株，其初级分枝数 >（对照平均值 +3 倍标准差）；品系 2，搭载组的初级分枝数高于对照组，差异不显著（$P>0.05$），经过选择，无符合条件单株；品系 4，搭载组的初级分枝数显著高于对照组（$P<0.05$），经过选择，有 3 株变异株，其初级分枝数 >（对照平均值 +3 倍标准差）。

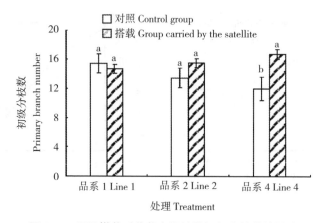

图3-3 卫星搭载对苜蓿当代植株初级分枝数的影响

注：图中小写字母不同表示差异显著（P<0.05）

五、空间诱变对苜蓿SP1植株当年生物量的影响

单株生物量是衡量苜蓿利用价值的重要经济指标。试验结果表明，卫星搭载后，苜蓿植株的当年生物量均呈增加趋势（图3-4）。品系1，搭载组的单株生物量极显著高于对照组（P<0.01）。通过单株选择，获得5株变异株，其中2株单株生物量＞（对照平均值+4倍标准差），另3株单株生物量＞（对照平均值+3倍标准差）；品系2，搭载组的单株生物量也极显著高于对照组

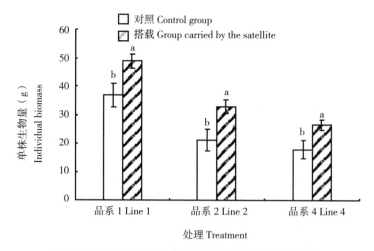

图3-4 卫星搭载对苜蓿当代植株单株生物量的影响

注：图中大、小写字母不同分别表示差异极显著（P<0.01），显著（P<0.05）

（$P<0.01$）。通过单株选择，获得10株变异株，其中5株单株生物量＞（对照平均值＋4倍标准差），另5株变异株单株生物量＞（对照平均值＋3倍标准差）；品系4，搭载组的单株生物量显著高于对照组（$P<0.05$）。通过单株选择，获得5株变异株，其中1株单株生物量＞（对照平均值＋4倍标准差），另4株变异株单株生物量＞（对照平均值＋3倍标准差）。

卫星搭载后，苜蓿初级分枝数、单株生物量均显著增加。经过选择，可获得多分枝、高产的有益变异材料。由于搭载当代的某些性状既可能是由生理损伤引起，也可能是由基因位点变异产生，因此变异材料的遗传稳定性有必要在后续世代中进行确认。同时空间诱变基因位点多为嵌合体，在搭载当代很难被检测出来，只有通过复制和分离纯化，更多的突变性状才会充分表现出来，因此有必要在搭载二代进行全面的突变体检测和评价。

六、二次搭载对紫花苜蓿SP1农艺性状的影响

空间诱变所产生的变异开始出现在SP1代群体中，二次搭载后，SP1代出现更多优良变异。柴小琴等对航苜一号紫花苜蓿二次搭载后发现，二次搭载后的SP1代紫花苜蓿植株在株高、分枝数、多叶率显著优于对照。

七、空间诱变对苜蓿后续世代植株表型的影响

卫星搭载后，SP1代有些变异能够稳定遗传，经多代种植，各种农艺性状稳定遗传，表现出较好的稳定性。范润均等对4个紫花苜蓿品种搭载后连续三代的表型分离情况统计发现，前代的某些形态性状变化在后代某些单株得以保留，甚至更明显；前代单株的形态性状变化在后代中逐渐回复；后代单株出现前代所没有的新的形态性状变化。

第二节　空间诱变对苜蓿品质性状的影响

草类植物空间搭载最早开始于1994年，最先搭载的是紫花苜蓿、沙打旺、红豆草等优良豆科牧草，研究发现三种牧草搭载后代的饲用价值、耐盐性、抗旱性等特性皆有不同程度的提高。进一步分析表明紫花苜蓿和红豆草搭载后叶片中的氨基酸总量和组成都有一定的变化，这说明空间飞行条件对牧草抗逆性

和营养品质都有显著影响。随后十几年中，先后搭载了近30种的各类草类植物，包括草坪草（草地早熟禾、高羊茅、野牛草等）和牧草类（冰草、新麦草、鸭茅等）。搭载后均发现有不同程度、不同水平的变异，为进一步的草类品种改良和新品种选育提供了物质基础。

一、空间诱变对苜蓿品质的影响

与谷类作物不同，紫花苜蓿的经济产量主要以草产量和品质来衡量，其中草产量主要由叶、茎组成，另外60%的总可消化养分、70%的粗蛋白质、90%的维生素存在于叶片中，空间诱变后苜蓿的品质性状有显著变化。杨红善等对卫星搭载后选育的新品种航苜一号营养成分分析发现，第一茬和第二茬草开花初期粗蛋白质含量分别为20.08%和18.42%，分别高于对照2.97%和5.79%；18种必需氨基酸为12.32%，高于对照1.57%；微量元素明显优于对照品种。XU等发现，紫花苜蓿诱变SP1代材料叶片的总氨基酸含量显著增加，淀粉酶带减少。柴小琴等对航天搭载新品系品质分析发现，空间诱变明显提高HY-1新品系的营养品质（表3-2），各营养成分显著高于对照三得利和陇东苜蓿。由此可知，航天搭载能够改变苜蓿的营养品质，通过育种流程后，品质提高的有益性状能够保留。

表3-2 航天搭载新品系HY-1营养成分动态

	品种	粗蛋白质 （%）	粗纤维 （%）	粗脂肪 （%）	粗灰分 （%）	无氮浸 出物%	水分 %
	HY-1	21.01^{aA}	27.98^{aA}	3.11^{aA}	10.22^{aA}	29.77^{Bb}	9.56^{aA}
第一茬	三得利	19.34^{bAB}	21.54^{bB}	1.52^{bB}	9.76^{bAB}	36.98^{aA}	9.31^{aA}
	陇东苜蓿	18.98^{bB}	16.93^{cC}	1.12^{cB}	9.11^{bAB}	28.45^{bB}	9.30^{aA}
	HY-1	18.12^{aA}	23.16^{bAB}	1.76^{aA}	9.32^{aA}	37.89^{aA}	9.98^{aA}
第二茬	三得利	17.90^{bAB}	25.96^{aA}	1.83^{aA}	8.76^{aA}	38.02^{aA}	8.56^{aA}
	陇东苜蓿	16.26^{bAB}	22.04^{bAB}	1.31^{aA}	8.21^{aAB}	36.42^{bA}	9.31^{aA}

注：同列数据后不同大、小写字母分别表示处理间差异显著（$P<0.05$）和极显著（$P<0.01$）

二、近红外光谱分析在牧草航天育种的应用前景

近红外光谱技术（near infrared reflectance spectroscopy，NIRS）可利用物质在近红外光谱区特定的吸收特性快速检测样品中某一种或多种化学成分含量，

由 Norris 等在 20 世纪 70 年代开发出来的，具有快速，准确，高效，低成本及同时可检测多种成分（最多可达六种组分）等优点。随着 NIRS 硬件系统的不断改进和更新，其应用领域不断扩大，由最初的农业领域迅速扩大到食品、医药、化工、纺织、环保等许多领域。目前，尽管 NIRS 技术在其他领域发展很快，但其在农业上的应用仍是主要领域。其中，在植物育种上的应用已成为一个最活跃、最深入的应用领域。

1. NIRS 分析机理及误差来源

（1）NIRS 光学原理。近红外光主要是指波长在 780~2 500 nm 范围内的电磁波。近红外光谱是由有机分子振动的倍频或合频能对特定波段电磁波产生吸收而形成的谱带。光谱记录的是有机分子中单个化学键的倍频和合频信息，主要是与 H 有关的集团，如 OH、NH、CH 键。不同种类的化学键，能形成特定的吸收光谱。

近红外光谱主要分为两种：透射光谱和反射光谱。透射光谱（波长范围 700~1 100 nm）是将待测样品置于光源与检测器之间，检测器检测的光为透射光或与样品分子作用后的光；反射光谱（波长范围 1 100~2 500 nm）指光源与检测器在同一侧，检测器检测的是样品以各种方式反射回来的光。反射光又可分为两种：规则反射与漫反射。其中利用漫反射来进行分析的成为漫反射光谱法，多用于混浊样品和固体颗粒如作物和牧草籽实。

（2）NIRS 分析原理。NIRS 是利用被测物质中不同组分在近红外光谱区特殊的吸收光谱，再结合相关的定标方程来达到快速估测样品各组分含量的目的。被测样品的实际光谱是多种组分反射光谱的集合。各组分含量的具体测定是基于各组分最佳波长的选择，并参照标准回归方程来完成的。

$$Cnirs = B_0 + B_1 A_1 + B_2 A_2 + \cdots + B_x A_x$$

B_0，…，B_x 为回归系数（也是在第 K 个波长点的吸收常数），A_1，…，A_x 为在第 K 个波长点的吸收强度，cnirs 为近红外区光谱分析的某个化学成分含量。

（3）NIRS 分析技术的特点。相对于传统化学分析，NIRS 在检测样品成分过程中主要有以下特点。

① 保持样品的完整性。NIRS 检测样品成分时不需要破坏样品，也不需要检前处理。

② 可同时检测一份材料多项指标。在常规化学分析中，检测同一材料的

不同组分往往需要不同的检测方法，不仅消耗大量化学试剂，污染环境，而且还消耗大量的样品。NIRS 可一次完成多个组分分析内容，高效快捷，样品用量也少。

③ 操作简单，对测试人员无专业化要求，检测过程也不需要任何化学药品，安全无污染，检测成本低。

④ 随着数据的积累和模型优化，测试范围和精度可不断提高。

⑤ 可以进行远程分析。由于 NIRS 具有较好的传输性能，可通过光纤进行远离采样现场的样品分析，实现在线分析和远程监控。

2. 利用 NIRS 对航天诱变材料进行营养品质分析

牧草营养品质改良是草类植物航天育种的主要目标之一。然而在品质育种过程中，需要对海量的种质材料进行相关组分分析，常规的化学检测方法不仅效率低而且往往消耗大量的检测样品，这在低世代育种材料较少的时候更是相当棘手。研究表明，NIRS 分析牧草营养品质包括 CP，NDF，ADF，IVDMD（干物质消化率）的结果非常准确。迄今为止，牧草营养品质测定已成为 NIRS 应用最多、最成熟的领域。使用 NIRS 对航天育种材料进行营养组分检测分析，可迅速了解育种材料的品质，及时决定材料取舍，从而避免了育种的盲目性，为育种工作赢得时间，同时也节省大量的人力和物力。值得一提的是，在检测分析育种后代材料时，工作量往往非常大，此时主要是想知道每份材料的品质优劣状况，对其精确度要求并不很高，所以可以适当减少对每份材料的扫描时间，提高检测分析效率。

3. 利用 NIRS 对航天诱变材料进行次生代谢物分析

草类植物种类繁多，大多数会产生一些次级代谢产物如单宁、芳香类等物质，这些化学产物会影响家畜的适口性和消化能力，还有一定的药用及其他附属经济价值。因此检测特殊次生代谢产物的含量，选择含附加值高的次生代谢产物突变材料在航天育种上也有一定价值。Windlham 和 Roberts 等用 NIRS 成功预测了牧草中单宁的含量，与甲醇提取法检测结果相关系数为 0.91；Clark 等建立了稳定的牧草总生物碱预测模型。这说明用 NIRS 检测育种材料中某些次生代谢产物是可行的。Velasco 等曾应用 196 份样品建立芥子酸酯（SAE，油菜籽有毒成分）NIRS 分析模型，对芸薹属 21 个种 1 487 份材料和甘蓝型油菜 1 361 材料进行测定，分别筛选出 SAE 含量低的 112 和 75 份材料，应用常规方法验证，预测效果非常好。

NIRS 应用于饲草营养分析、草坪管理及土壤养分分析、草类植物样品组分分析等方面取得了很大的进展。据不完全统计，用 NIRS 法分析的植物已涉及 36 个属，包括谷物、豆类、蔬菜、牧草和经济作物等上百种植物。已分析过的植物组织包括叶、茎、全株和谷粒等，所测品质指标已多达几十种，包括水分、蛋白、纤维、淀粉、糖分、脂肪、灰分等，其中牧草粗蛋白质、酸性洗涤纤维等 NIRS 的分析已被国际标准化委员会认可。NIRS 法所测定的植物类型和指标有不断扩大的趋势，如有报道用 NIRS 分析估算牧草的矿质元素和微量元素。将 NIRS 用于草类植物航天育种，尤其是高蛋白、低纤维等品质改良，不仅可有效降低筛选成本，还可显著提高筛选效率，加快育种进程。因此，加强 NIRS 技术在草类植物尤其是紫花苜蓿等重要牧草航天育种上的应用研究，具有重要意义。

第三节　空间诱变对苜蓿抗逆性状的影响

空间环境对于植物来说也是一种逆境环境，空间诱变后植物许多病害的平均病情指数降低，并出现高抗免疫类型；也出现耐盐、抗旱等性状，植物的抗逆性发生改变。1994 年，卫星搭载了红豆草、苜蓿和沙打旺 3 种牧草，这是我国首次搭载牧草进行空间诱变的研究。地面种植后发现 SP1 代红豆草与对照相比，生长力和抗病力增强、花期延长、胚根变长；苜蓿出苗率高、成苗整齐；沙打旺感病、枯萎期推迟，约 1/3 植株中，顶部的小花先开、异于对照种自下而上的开花顺序的变异体。SP2 代对盐胁迫和渗透胁迫有抗性，并产生一定程度的抗病性。诱变后沙打旺的抗病性也有所增强。通过对播后第 2 年的同工酶分析，发现红豆草幼花序的过氧化物酶、苜蓿叶片的淀粉酶和沙打旺幼花序的酯酶都发生了变化。

一、空间诱变对苜蓿叶片生理特性的影响

马学敏等将含水量分别为 9%（自然含水量）、11%、13%、15% 和 17% 的"中苜一号"紫花苜蓿种子，通过返回式育种卫星"实践八号"进行搭载处理，相同水分含量未搭载种子为对照。以地面生长的第三年植株为材料，通过在不同生育期对叶绿素、可溶性糖、蛋白质、保护酶活性及相关物质测定分

析。结果表明，① 卫星搭载水分含量不同的紫花苜蓿种子，其生长植株的叶片叶绿素的含量不同，在不同的生育期，其含量的变化也不一致。水分含量不同的种子在空间诱变的处理下发生的变异方向和变异幅度都不同。② 在各个生育期含水量不同的种子卫星搭载后植株的可溶性糖和可溶性蛋白含量与对照相比未发生很大程度的变化。③ 种子含水量不同的植株叶片保护酶的活性及丙二醛含量的变化，地面对照组各水分含量间保护酶活性有所变化，不同保护酶间变异幅度不同，其中过氧化氢酶（CAT）和超氧化物歧化酶（SOD）的变异幅度较大，而过氧化物酶（POD）的变异幅度较小，而且高水分含量降低了酶的活性。卫星搭载组各水分含量间的保护酶活性随水分含量的增加呈现上升的变化，其中含水量 13% 和 15% 的搭载组的酶活性相对于地面对照组显著的升高，含水量 15% 在分枝期其 CAT、SOD 和 POD 的活性分别比对照增高了264.45%、735.49% 和 54.85%。卫星搭载组各水分含量间丙二醛（MDA）含量的变化不显著。这可能是空间环境引起基因表达方面的改变，激活了保护酶系统，高的保护酶活性有利于诱变损伤的修复，维持细胞膜内自由基代谢平衡。

二、空间诱变对苜蓿过氧化物同工酶的影响

过氧化物酶是植物体内重要的酶类之一。它主要参与清除过多活性氧以维持正常细胞功能。当植物受到外界环境胁迫比如干旱、低温或强烈辐射时，植物体内的过氧化物酶活性会显著增加。2008 年 5 月搭载种子和对照在温室育苗，种子单粒播种于 50 孔穴盘（每穴 5.5 cm × 5.5 cm × 11 cm）。播种 1 个月后测量幼苗株高。对照随机选取 20 株测量，搭载材料选取 120 株测量，并进行突变材料初步筛选。其筛选标准参照 Wei 等的方法，入选标准为：入选株性状 > 对照平均值 +3 倍标准差。搭载组（选 12 株变异株）和对照组（随机选取 12 株），单株采集新鲜叶片，进行同工酶分析。

1. 空间诱变后紫花苜蓿过氧化物酶（POD）酶活性的影响

结果表明，与地面对照相比，飞行组的过氧化物酶平均活性提高 18.6%，差异显著（$P = 0.024$）（图 3–5）。

2. 空间诱变对紫花苜蓿同工酶酶带的影响

结果表明，① 搭载后过氧化物酶酶带的亮度显著高于对照，尤其是搭载材料中的 7 号单株，其酶带亮度显著高于其他搭载单株，也高于对照单株（图

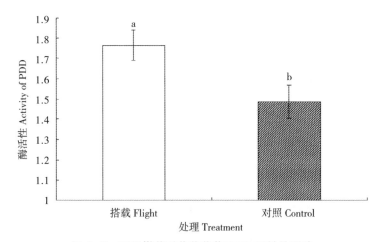

图 3-5　卫星搭载对紫花苜蓿 POD 活性的影响

注: 不同字母表示差异显著（$P < 0.05$）

3-6）。说明经过卫星搭载后，过氧化物酶活性有所增强，这与前者酶活性测
定结果是一致的。② 紫花苜蓿过氧化物酶共产生 5 条清晰的电泳条带，经过
比对发现，其中 P 3 带仅在搭载单株中出现，对照单株中出现缺失（图 3-6，
黑箭头所示），表明卫星搭载不仅对过氧化物酶活性有影响，对其酶种类的组
成也有显著影响。

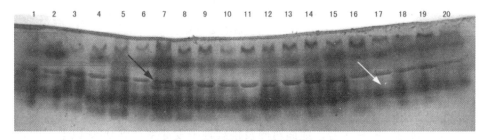

图 3-6　紫花苜蓿过氧化物酶电泳谱

注：泳道 1~10 为搭载材料；泳道 11~20 为对照材料。电泳条带从上到下依次为 P 1，P 2，P 3，
P 4，P 5。其中黑箭头所示为卫星搭载后过氧化物酶出现的特征谱带 P 3

在遭受到环境胁迫后，过氧化物酶不仅会出现活性的显著提高，其酶本身
的组成也会发生变化。本研究发现紫花苜蓿经过搭载后，其过氧化物酶出现了
一条新的谱带，表明飞行种子内的过氧化物酶组成发生了显著变化。这与已有
的研究相一致。徐云远等研究发现，红豆草空间搭载后代叶片的过氧化物同工

酶比对照多 1 条带，沙打旺的花和幼花花序中的过氧化物酶、脂酶在酶活性、酶带数目和带型上都有显著变化。

三、空间诱变对紫花苜蓿耐盐性的影响

1.不同浓度 NaCl 胁迫对紫花苜蓿发芽的影响

当 NaCl 浓度为 0~150 mmol/L 时，随着浓度的增加，苜蓿种子发芽率略微降低，差异不显著（图 3-7）。当浓度为 250 mmol/L 时，苜蓿种子发芽率比正常水平（0 mmol/L NaCl）降低 26%，差异极显著（$P<0.01$）。此外，在 250 mmol/L NaCl 胁迫下，苜蓿种子发芽时间从 7~10 d 延长至 31~33 d，发芽时间延长了近 3 倍，多数种苗出现生长缓慢、子叶发白、畸变率高。因此，选定 250 mmol/L NaCl 作为筛选耐盐突变体的盐浓度。

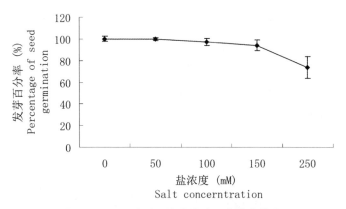

图 3-7　不同 NaCl 浓度胁迫下苜蓿发芽率

2.空间诱变对紫花苜蓿耐盐发芽能力的影响

无盐胁迫，中苜 1 号、地面对照及搭载种子发芽率达到 98% 以上，四者间无显著差异，此外种苗生长健康，无明显畸变。在 250 mmol/L NaCl 胁迫下，中苜 1 号和地面未搭载对照种子发芽率显著降低，发芽天数由原来的 7 d 增加到 20 d。与未搭载对照和中苜 1 号相比，太空诱变种子发芽率分别比未搭载对照和中苜 1 号高 25% 和 27%，差异极显著（$P<0.01$）（表 3-3）。此外，搭载后苜蓿种苗生长健康，多数种苗无失绿、畸变等现象。

表 3-3　250 mmol/L NaCl 胁迫下太空诱变的紫花苜蓿种子发芽能力

	NaCl 处理 （mmol/L）	发芽种子数 （平均值 ±SD）	标准发芽率 （%）	发芽天数 （d）
中苜 1 号	0	49.25A ± 2.21	98.50A ± 1.83	7
	250	36.26B ± 4.22	72.50B ± 16.89	20
地面对照	0	49.00A ± 2.31	98.00A ± 2.31	7
	250	37.00B ± 3.02	74.00B ± 12.09	20
空间空诱变	0	50.00A ± 3.02	100.00A ± 0.00	7
	250	49.2A0 ± 0.46	98.40A ± 11.85	10

注：同列不同大写字母代表差异极显著

3. 空间诱变对紫花苜蓿 NaCl 胁迫下组织培养再生能力的影响

在 250 mmol/L NaCl 胁迫下，与未搭载对照相比，空间诱变组培再生能力显著增强，主要表现为子叶愈伤诱导率、子叶胚状体诱导数、胚轴愈伤诱导率、胚轴胚状体数显著提高（*P*<0.05）（图 3-8）。中苜 1 号与未搭载对照间无显著差异。在高盐胁迫下，地面未搭载对照外植体会在培养过程中出现变白而凋亡，多数无法形成正常愈伤；即使少量可以形成愈伤，但愈伤组织颜色较浅，结构松散，不利于不定芽的形成及根分化（图 3-9）。与对照相比，搭载后种子组织再生能力显著增强，可形成高质量的愈伤组织，主要表现为愈伤组织颜色深绿，结构紧凑，且其表面容易形成较大的不定芽，通过分化，可获得完整植株。最终通过多次筛选，获得 3 株耐盐变异植株。

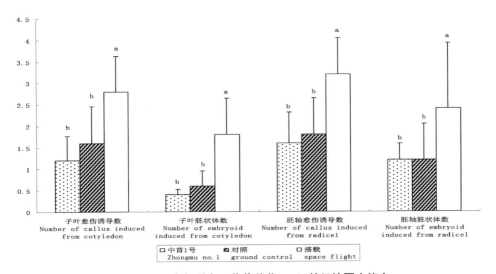

图 3-8　空间诱变下苜蓿种苗 NaCl 的组培再生能力

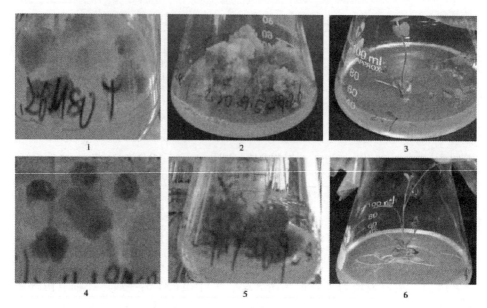

图 3-9　250 mmol/L NaCl 胁迫下的苜蓿组培再生

空间诱变后，苜蓿耐盐性与未搭载和中苜 1 号相比显著增强，250 mmol/L NaCl 胁迫下种子发芽率比未搭载增加 25.7%，发芽时间缩短，子叶畸变率低。同时，搭载后的种子组培再生能力显著增强，表现为愈伤诱导、胚状体诱导、不定芽形成及根分化的数量和质量显著高于未搭载对照及中苜 1 号，通过盐胁迫条件下筛选，最终获得耐盐变异材料。

四、近红外指纹光谱快速鉴别紫花苜蓿品种耐盐性的新方法

近红外光谱（NIRS）的分析技术是一项高效、快捷检测样品中某种物质成分的分析新方法，近年来在饲料营养分析、品种鉴别等领域得到了广泛的应用。我国有盐碱土 2.7×10^7 hm^2，其中 7.0×10^6 hm^2 分布于农田，每年对农作物生产造成难以估计的损失（霍风林，1998）。因此提高作物耐盐能力有着重要的意义。本文提出了一种用近红外指纹光谱快速鉴别紫花苜蓿品种耐盐性的新方法，并在将其应用于卫星搭载后代材料耐盐性研究。

参试品种除中苜一号外，均由美国农业部温带豆科作物种质保存中心提供。建模品种为表 3-4 中 No.1~20。大部分品种耐盐性已有研究报道确认，部分品种为耐盐性检验标准品种，耐盐标准品种在美国农业部豆科种质保存研究中心。预测集共有 6 个品种（表 3-4 中 No.21~26），待测种子置于样杯内，对

每份样品重复扫描 3 次，取平均光谱值。

紫花苜蓿三得利种子的卫星搭载处理和 SP$_1$ 代植株种植详情见第二章材料与方法。搭载组按照水分处理分为 4 个小区，分别是原始水分搭载小区、水分含量 10% 搭载小区、水分含量 12% 搭载小区、水分含量 14% 搭载小区，另设 1 个地面对照小区，共设 5 个小区，进行田间生物学观察。每处理选择 10 个单株，于 2005 年 6 月单株收获搭载二代种子，风干储藏备用。每处理重复三次。试验使用美国尼高力（Thermo Nicolet）公司的 Antraris Near-IR Analyzer，扫描次数 30 次，重复 3 次，分析软件为 TQ Analyst 6.2.1.509，类别（Classification）分析，程序 Discriminant analysis，光谱分析范围 4 119.21~9 881.46 cm^{-1}。

表 3-4　近红外光谱鉴别建模紫花苜蓿品种

编号 Index	品 种 Cultivars	国 家 Country	种质索取号 PI number	性 状 Characters	参考文献 Reference
1	Zhongmu No.1	China	—	Salt tolerance	Yang et al., 2003
2	Wrangler	America	W6 22344	Salt tolerance	Peel et al., 2004
3	Archer II	America	—	Salt tolerance	Yang et al., 2003
4	Innovator	America	—	Salt tolerance	Yang et al., 2003
5	Alfagraze	America	W6 22282	Salt tolerance	Peel et al., 2004
6	Atlantic	America	W6 2508	Salt sensitive	Yang et al., 2003
7	Malone	America	W6 22303	Salt tolerance	Standard Check Cultivar
8	Mesa sirsa	America	W6 22305	Salt tolerance	Standard Check Cultivar
9	Rambler	America	W6 22326	Salt sensitive	Standard Check Cultivar
10	Saranac	America	W6 22329	Salt sensitive	Standard Check Cultivar
11	AZ-97MEC	America	PI 597643	Salt sensitive	Abdullah et al., 1998
12	AZ-88NDC	America	PI 5278688	Salt sensitive	Standard Check Cultivar
13	Rangelander	America	NSL 86625	Salt sensitive	Peel et al., 2004
14	Drylander	America	NSL110167	Salt sensitive	Peel et al., 2004
15	Vernal	Austira	PI 399550	Salt tolerance	Peel et al., 2004
16	WL323	America	PI 586638	Salt tolerance	Yang et al., 2003
17	Salado	America	PI 602601	Salt sensitive	Peel et al., 2004
18	Ranger	America	PI 612887	Salt sensitive	Peel et al., 2004
19	Gold Empress	America	—	Salt sensitive	Yang et al., 2003
20	Baralfa	America	—	Salt tolerance	Yang et al., 2003
21	Victory	America	PI 584990	Salt tolerance	Yang et al., 2003
22	AZ-GM-salt-Ⅱ	America	PI 524968	Salt tolerance	Dobrenz et al., 1983

编号 Index	品种 Cultivars	国家 Country	种质索取号 PI number	性状 Characters	参考文献 Reference
23	AZ-97MEC-ST	America	PI 597644	Salt tolerance	Abdullah et al., 1998
24	AZ-90NDC-ST	America	W6 22290	Salt tolerance	Standard Check Cultivar
25	Nomad	America	W6 2522	Salt tolerance	Peel et al., 2004
26	Affinity	America	—	Salt sensitive	Yang et al., 2003

紫花苜蓿品种样本的典型近红外光谱曲线如图 3–10 所示。图中横坐标为波长，纵坐标为光谱漫反射率。从图 3–10 可以看出，不同耐盐性的紫花苜蓿品种的光谱曲线有明显区别，并具有一定的特征性和指纹性，这一差异为品种耐盐性鉴别奠定了数学基础。我们选用 20 个苜蓿品种的种子用于建模，其中包括 10 个耐盐品种和 10 个敏盐品种，光谱分析范围在 4 100~9 800 cm^{-1} 之间，把同一份样品种子重复扫描 3 次做平均处理，用近红外仪自带软件 TQ Analyst 对原始光谱数据进行处理，调用 Discriminant analysis 程序进行鉴别模型构建。

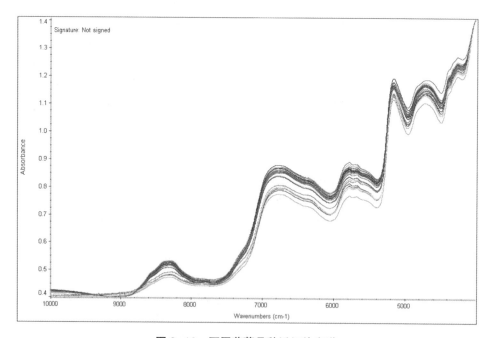

图 3–10　不同苜蓿品种近红外光谱

图 3-11 表示为 20 个建模样本的距离得分图，建模样本能较好的聚为两类，敏盐类品种和耐盐类品种。从图 3-11 可以看出，耐盐品种的 10 个品种聚合度较好，紧密集中在第二象限；敏盐品种聚合度不如耐盐品种，主要集中在第四象限，除品种 Golden Empress 在第一象限。

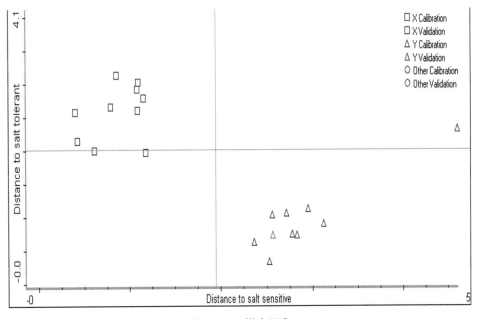

图 3-11　样本距离

选取 6 个紫花苜蓿品种（表 3-4 中 No.21~26），应用上述预测模型进行耐盐性预测。结果表明，预测准确率为 100 %，可信度（performance index）达到 85.7%（表 3-5）。

利用种子近红外指纹图谱，对紫花苜蓿植株耐盐性进行预测。结果表明，搭载 SP2 代每 10 个植株中平均有 8.96 个被判定为耐盐植株，未搭载处理中每 10 个植株只有 7.03 个被判定为耐盐株，搭载后耐盐株的出现频率显著高于地面对照（$P<0.05$，图 3-12）。这说明紫花苜蓿卫星搭载二代植株耐盐性有一定的提高。

表 3-5　苜蓿品种耐盐性预测结果

品　种	实际特性	预测特性	预测距离	预测距离
AZ-GM-salt-Ⅱ	耐　盐	耐　盐	2.2393	0.8072
AZ-97MEC-ST	耐　盐	耐　盐	2.6247	0.7228
胜利者	耐　盐	耐　盐	1.8185	0.7555
Nomad	耐　盐	耐　盐	3.0993	0.9779
AZ-90NDC-ST	耐　盐	耐　盐	2.6247	1.0200
Affinity	敏　盐	敏　盐	0.7228	2.5057

　　除含水量10%处理外，不同含水量处理组植株被判别为耐盐株的概率（8.96、8.64 和 8.26）显著高于地面对照（$P<0.05$，图 3-12）。而且各水分处理组之间也有差异。随着种子含水量增加，耐盐株判别概率呈先下降后升高的趋势，其中以含水量 7.6%组为最高，含水量 10%组为最低，差异显著（$P<0.05$）。

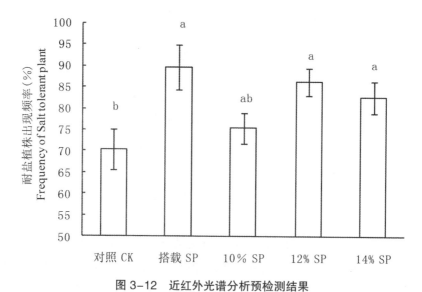

图 3-12　近红外光谱分析预检测结果

注：SP 为卫星搭载；10% SP 为种子含水量 10%搭载；12% SP 为种子含水量 12%搭载；14% SP 为种子含水量 14%搭载　不同字母表示 0.05 水平差异显著

　　本试验首次尝试利用傅立叶转化近红外光谱（FT-NIRS）指纹识别模型对卫星搭载紫花苜蓿种子进行分析，分析结果与常规检测和分子标记结果有较好的一致性，这说明利用 NIRS 技术对搭载耐盐变异体进行筛选是可行的，为提高卫星搭载突变体筛选提供了一条新的途径。应用近红外指纹图谱聚类分析建立了苜蓿品种耐盐性鉴别模型，该模型预测效果很好，识别率达到 100%，表现指数为 85.7%。这说明运用近红外光谱分析技术可以快速、准确、无损的对苜蓿品种耐盐性进行初步鉴别，具有一定的理论和实际意义。

五、空间诱变对苜蓿低温适应性的影响

张文娟等利用神舟 3 号飞船搭载的德福、德宝、阿尔冈金、三得利等 4 个品种搭载组和对照组进行低温胁迫处理，结果发现空间搭载对 4 个紫花苜蓿品种的质膜过氧化及细胞膜相对透性、游离脯氨酸含量有影响。与对照相比，随着处理温度的降低，各品种细胞膜相对透性及质膜过氧化产物 MDA 含量呈上升趋势，相对电导率增大和 MDA 含量增加的发生温度范围不一致，MDA 的积累先于膜透性的增加，只有 MDA 积累到一定程度才能使膜氧化损伤达到一定程度，引起透性增大。游离脯氨酸含量呈先上升后下降的趋势，与其对照相比，4 个紫花苜蓿品种的游离脯氨酸含量发生变化，但不同品种变化程度不同。

第四节　空间诱变变异性状的遗传规律

空间诱变是多因素综合作用，且存在未知的诱变因素，因此，对作物的诱变方向具有不确定性：第一，可以创造出符合人类需要的有益变异，经过选择培育新品种；第二，对植物不产生变异；第三，对植物产生不利的变异。一般认为诱变后第一代植株发生变异，个别属于生理损伤，有些可以稳定遗传给后代，有些仅局限于当代，不能遗传，再经过三或四代的种植，基因组变异能稳定地遗传给后代，获得表型和基因型变异均稳定的突变株系经空间诱变处理的材料。

在经历了空间飞行后，植物种子返地面种植第一代 SP1 种子发芽率、存苗率和植株田间生长情况均与地面对照有差异，这一差异在 SP2 代显得更加明显。相关性状表现为强烈的广谱分离，一般在 SP3、SP4 代以后，变异性状趋于稳定。张美荣等对小麦种子太空诱变效应研究表明，处理因品种不同，效果也不同，其后代变异材料的稳定率也不同，因而太空诱变处理时要选择多

个遗传基础不同的材料，并可尝试用杂种当代作为材料进行处理。Tripathy 和 Brown（1996）等发现，与地面对照相比空间诱变小麦（Triticum aestivum L .cv Super Dwarf）幼苗的茎鲜重降低了 25%。李源祥等（2000）研究发现，利用卫星搭载水稻干种子，SP1 代除中后期植株整齐度不一、抽穗期不一致，有晚熟趋势，其他主要性状与对照比较接近，差异不明显。SP2 和 SP3 主要农艺性状与经济性状出现了强烈的分离变异，其中 SP2 代单株间多数性状出现正反两方向的强烈分离，部分性状如早熟、分蘖性、穗长、千粒重等 6 个性状向有利的方向发展，出现了特殊变异体如强分蘖、特大粒等。SP2 有些是生理变异不能保存，有些是遗传变异经过筛选可以稳定遗传。SP4 大部分性状已基本稳定；SP5 和 SP6 绝大部分性状已经稳定。王瑞珍等（2001）用"神舟 1 号"搭载 3 个春大豆品种的实验结果表明，与地面对照相比，搭载种子发芽势增加了30%~40%；SP1 代全生育期缩短了 2~3 d，株高有所降低，单株荚数有的增加，有的下降；SP2 代的全生育期、株高和单株总荚数变异较大。

一、空间诱变高产变异株系筛选及其遗传分离模式初步分析

在前期研究的基础上，从 SP2 代搭载群体中筛选出 20 个高株变异材料，单株收获种子、种植建立 H1~20 共 20 个 SP3 代株系，每个株系单株数量不少于 50 株。通过田间观测分析，发现株高变异在 SP3 代群体表现为 3 个类型：① 1 个株系的株高表现为稳定遗传如株系 H5，通过对其 58 个单株株高分析表明，其中有 42 株表现为高株变异（筛选标准：株高 > 对照平均值 +2 倍标准差），有 16 株未表现高株变异（图 3-13）。高株变异株数与正常株高单株数接近比例为 3∶1，可能为显性遗传；与此同时，表现出高株的变异的单株群体（H 组）的干重显著高于未表现变异的单株群体（N 组），差异显著（P<0.05，图 3-14）。② 株高性状表现为强烈分离共有 H1、H3、H8、H6 等 13 个株系，其后代群体平均株高显著高于对照，但高株性状表现为强烈分离，株系内单株间株高差异高于对照。③ 高株变异性状基本消失，如 H2、H4、H19 等 3 个株系，单株平均株高与未搭载对照间无显著差异，此外 H7、H9 等 3 个株系，单株平均株高显著低于对照。

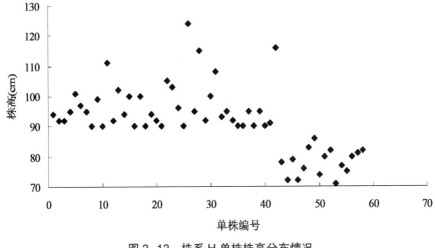

图 3-13 株系 H 单株株高分布情况

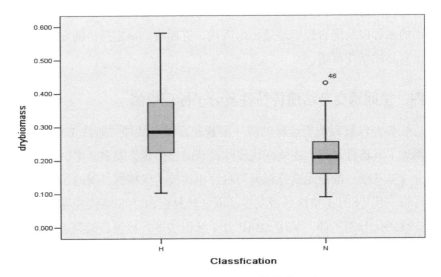

图 3-14 株系 H5 不同群体单株干重

注：H 表示 H5 株系群体中表现株高变异的单株群体；N 表示 H5 株系群体中未表现株高变异的单株群体

二、空间诱变多分枝突变株系形态学变异规律分析

从 2013 年 5 月苜蓿返青到 8 月盛花期，对多分枝突变体 MT1348 株系的初级分枝数、株高、单株鲜重、干重、结实率和种子发芽率等形态学性状进行了观测。结果发现，与对照相比，变异株系分枝数增加 20%~30%，差异显著（$P<0.05$），株高增加 5%~8%，差异不显著（$P<0.05$），单株鲜重和干重分别

增加 10%~15%，差异显著（$P<0.05$），变异株系的种子结实率和种子发芽率无明显变化。结论是多分枝变异株系初级分枝数和产量显著增加，株高、种子结实率和发芽率没有影响。

同时采用人工授粉的方式，以 MT1348 与对照为亲本，进行正反交，并获得了 80 粒和 60 粒 F1 代杂交种子。以 MT1348 株系材料为父本，与三得利、中苜一号、中草三号等 12 个国内外品种杂交组合，并获得了不同杂交组合的种子。

三、空间诱变基因组变异在世代遗传中的规律性研究

范润均等为探索经空间诱变后基因组变异在世代遗传中的规律性，应用分子标记筛选出 13 个变异单株。对稳定突变株的连续多代（即从第一代开始到稳定突变体的连续多代）做分子标记分析，探求稳定突变株系基因组多态性等位基因的来源以及能否稳定地遗传给后代，进而找到稳定遗传的突变单株，以选育出高品质紫花苜蓿。

四、空间诱变苜蓿遗传特性及分子标记检测

杨红善等以航天诱变选育的多叶型紫花苜蓿新品种"航苜 1 号"为对象，简要阐述了其选育过程、连续四代多叶性状的遗传规律及多叶率、草产量、营养成分、氨基酸、微量元素等指标与对照相比较的优越性。同时，为检测航天搭载后第一代（SP1）植株是否发生基因变异及在 SP2~SP4 代变异能否稳定遗传，连续四代分别采样，采用 SRAP 分子标记法进行检测，结果表明，SP1 代与未搭载原品种（CK）相比基因组 DNA 扩增出不同的差异带，分别为缺失 1 条带，大小约 550 bp，增加 1 条带，大小约 100 bp，在 DNA 水平上产生了变异，并且在 SP2、SP3、SP4 代稳定遗传。

参考文献

柴小琴，于铁峰，包文生，等 . 2016. 紫花苜蓿太空诱变多叶新品系 HY-1 选育研究 [J]. 畜牧与兽医，48（3）：20-26.

柴小琴，张建华，郑宇宇 . 2016. 航苜 1 号航天二次搭载 SP_1 代的农艺性状变异 [J]. 草业科学，33（9）：1 788-1 792.

冯鹏，刘荣堂，厉卫宏，等．2008.紫花苜蓿种子含水量对卫星搭载诱变效应的影响 [J].草地学报，16（6）：605-608.

范润钧．2010.空间搭载紫花苜蓿种子第一代植株表型变异及基因多态性分析 [D].兰州：甘肃农业大学．

范润钧，邓波，陈本建，等．2010.航天搭载紫花苜蓿连续后代变异株系选育 [J].山西农业科学，38（5）：7-9.

高文远，赵淑平．1998.太空环境对药用植物甘草超微结构影响的初步研究 [J].中草药，29（11）：770-771.

郭慧琴，李晶，任卫波，等．2013.太空诱变对紫花苜蓿耐盐性及离体再生的影响 [J].草原与草坪，33（11）：25-28.

胡化广，刘建秀，郭海林．2006.我国植物空间诱变育种及其在草类植物育种中的应用 [J].草业学报，15（11）：15-21.

李晶，任卫波，郭慧琴，等．2012.空间诱变对紫花苜蓿过氧化物同工酶影响 [J].种子，31（4）：46-48.

李金国，王培生．1999.中国农作物航空航天诱变育种的进展及其前景 [J].航天医学与医学工程，12（6）：464-468.

马学敏．2011.空间诱变对紫花苜蓿叶片生理特性的影响 [D].长春：吉林农业大学．

任卫波，韩建国，张蕴薇，等．2006.航天育种研究进展及其在草上的应用 [J].中国草地学报，28（5）：91-97.

任卫波，韩建国，张蕴薇，等．2008.卫星搭载不同紫花苜蓿品种的生物学特性反应（简报）[J].草业科学，25（10）：75-77.

任卫波，韩建国，张蕴薇，等．2008.近红外光谱分析原理及其在牧草航天育种的应用前景 [J].光谱学与光谱分析，28（2）：303-307.

任卫波，赵亮，王蜜，等．2008.苜蓿种子空间诱变生物学效应研究初报 [J].安徽农业科学，36（32）：14 039-14 041.

宋美珍，喻树迅，范术丽，等．2007.棉花航天诱变的农艺性状变化及突变体的多态性分析 [J].中国农业科技导报，9（2）：30-37.

王兆卿，李聪，苏加楷．2001.野生与栽培型沙打旺品质性状比较 [J].草地学报，9（2）：133-136.

谢克强，杨良波，张香莲，等．2004.白莲二次航天搭载的选育研究 [J].现代园艺，18（6）：300–302.

徐云远，贾敬芬，牛炳韬 . 1996. 空间条件对 3 种豆科牧草的影响 [J]. 空间科学 学报（S1）：136–141.

杨红善，常根柱，包文生，等 . 2012. 紫花苜蓿航天诱变田间形态学变异研究 [J]. 草业学报，21（5）：222–228.

杨红善，于铁峰，常根柱，等 . 2014. 航苜 1 号紫花苜蓿多叶性状遗传特性及 分子标记检测 [J]. 中国草地学报（5）：46–50.

杨红善，常根柱，周学辉 . 2015. 航天诱变航苜 1 号紫花苜蓿兰州品种比较试 验 [J]. 草业学报，24（9）：138–145.

张卉，宋妍，冷静，等 . 近红外光谱分析技术 [J]. 光谱实验室，2008，24（3）： 388–395.

张美荣，双志福，张瑞仙 . 2002. 小麦种子太空诱变效应研究 [J]. 华北农学报， 17（2）：36–39.

张世成，林作楫，杨会民，等 . 1996. 航天诱变条件下小麦若干性状的变异 [J]. 空间科学学报，16：103–107.

张文娟 . 2010. 4 个紫花苜蓿品种空间诱变效应的研究 [D]. 兰州：甘肃农业 大学 .

张文娟，邓波，张蕴薇，等 . 2010. 空间飞行对不同紫花苜蓿品种叶片显微结 构的影响 [J]. 草地学报，18（2）：233–236.

郑伟，郭泰，王志新，等 . 2008. 航天搭载大豆 SP2 农艺性状诱变效应初报 [J]. 核农学报，22（5）：563–565.

Norris K H, Barnes R F, Moore J E, et al. 1976. Predicting Forage Quality by Infrared Replectance Spectroscopy[J]. Journal of Animal Science.

Xu, Jia, Wang, et al. 1999. Changes in isoenzymes and amino acids in forage and germination of the first post-flight generation of seeds of three legume species after space flight[J]. Grass and Forage Science, 54（4）:371-375.

第四章　紫花苜蓿空间诱变的细胞学效应

　　细胞学标记是指能明确显示遗传多态性的细胞学特征。染色体的结构特征和数量特征是常见的细胞学标记，它们分别反映了染色体结构和数量上的遗传多态性。细胞学研究主要是以细胞分裂周期为指标，突变机理的中心问题是染色体的畸变。细胞分裂的形式包括有丝分裂和减数分裂，有丝分裂有前期、中期、后期、末期；减数分裂有第一次减数分裂和第二次减数分裂，每次减数分裂还包括前期、中期、后期、末期。

第一节　空间诱变对紫花苜蓿染色体行为的影响

　　染色体行为是指染色体在细胞进行分裂和分裂间期的一系列变化，又称为染色体现象。宇宙辐射的主要成分是高能量的质子、氢离子和原子量更大的重离子等，质子在这里比例最大，其中空间飞行中最重要的影响因素是高能重粒子（HZE）辐射成分。近地空间还存在着微重力、超真空和超洁净，缺少地球上的昼夜节律。这些特殊的空间条件是严重影响生物新陈代谢、生长发育的外部条件。这些辐射中的高能带电粒子能更有效地导致细胞内遗传物质DNA分子发生多种类型的损伤，包括碱基变化、碱基脱落、两键间氢键的断裂、单键断裂、双链断裂、螺旋内的交联、与其他DNA分子的交联和与蛋白质的交联。辐射对DNA链断裂可以造成染色体结构的变化。当植物种子被宇宙射线中的高能重粒子击中后，会出现更多的多重染色体畸变，其中非重接性断裂所占的比例较高，从而有更强的诱发突变能力，植株异常发育率增加，而且高能重粒子击中的部分不同，畸变情况亦不同，其中根尖分生组织和胚轴细胞被击中时，畸变率最高。经航天诱变后，有丝分裂和减数分裂细胞中的染色体发生畸变，可以发生在细胞分裂的各个时期。辐射能引起细胞出现单桥、双桥、多桥、桥＋落后染色体、落后染色体、染色体断片、多极、交联、染色体交联＋

染色等 9 种染色体畸变和微核（与主核完全分离，椭圆形或圆形，边缘光滑，嗜色性与主核基本一致）、多核、核出芽等三种核畸变。但在染色体畸变中以断片出现的频率最高，在核畸变中以微核出现的频率最高。微核是高剂量辐射状态下由染色体演化而来的，细胞微核（MCN）一般认为来源于染色体损伤后形成的染色体断片，或纺锤体受损伤后丢失的整条染色体，可以遗传。并认为，断片率、微核率可以作为检测染色体辐射效应的可靠指标，国内外已有许多关于诱发微核的报道，早在 1993 年就有报道以微核率为指标进行染色体畸变统计。染色体是遗传物质的载体，诱变使染色体发生畸变，从而使遗传物质的组成发生改变，产生可遗传变异。诱变引起的染色体作用部分是非随机的，许多研究结果表明，辐射引起的染色体交换在某些染色体间发生的频率较高，而有的染色体几乎不受射线影响，染色体断裂大多发生在异染色质和常染色质的结合部位，一个细胞内各条染色体对空间辐射的敏感程度不同，在辐射作用下，染色体不同部位发生不同程度的断裂，从而使染色体间发生不同的交换，产生不同类型的变异。植物种子进行空间搭载飞行后会发生不同程度的遗传性损伤，它们和物质相互作用的机理在许多方面和地面辐射的生物效应机理有很大的不同。在卫星近地面空间条件下，环境重力明显不同于地面，不及地面重力十分之一的微重力是影响飞行生物生长发育、生理及生化过程的重要因素之一。研究表明，飞行时间愈长，畸变率愈高。这说明微重力对种子亦具有诱变作用。已有的研究结果指出，微重力可能干扰 DNA 损伤修复系统的正常运行，即阻碍或抑制 DNA 断链的修复，通过增加植物对其他诱变因素的敏感性和干扰 DNA 损伤修复系统的正常运作，从而加剧生物变异，提高变异率。而复杂的空间辐射环境，特别是占主要成分的重离子和高电离密度质子，引起细胞中染色体的损伤，表明空间环境引起生物体变异是二者共同作用的结果。转座子假说认为，太空环境将潜伏的转座子激活，活化的转座子通过移位、插入和丢失，导致基因变异和染色体畸变。正是由于这个原因，太空诱变育种技术可以获得地面常规方法较难得到的罕见突变种质材料和资源。

大量研究已经表明，植物种子经卫星搭载飞行，其幼苗根尖细胞分裂会受到不同程度的抑制，有丝分裂指数明显降低，染色体畸变类型和频率比地面有较大幅度的增加，且这种诱变作用在许多植物上具有普遍性。莴苣种子搭载卫星飞行时，其被高能重粒子击中，在利用核径迹探测片观察后发现其染色体畸变率大大增加。小麦种子搭载飞行后，在地面生长的幼苗的细胞染色体畸变频率增高，但飞行前用半胱氨酸处理种子后，能促进其生长，减少畸变细胞数。由"实践八号"育种卫星搭载的 4 个稗属种子（谷稗、粳稗、大散稗和拉林小粒稗）返地后进行根尖细胞学研究，未经搭载的种子为对照，结果显示，4 个稗属种子经过太空诱变后，有丝分裂指数较对照有所增加，在根尖细胞中出现了落后染色体、染色体桥、微核、染色体断片和游离染色体等畸变类型。经过空间飞行的小麦种子也出现染色体畸变率增加，但损伤程度随着取样时间的延长而下降。水稻根尖细胞染色体在经过空间飞行后，出现一定比例的致畸现象，同时促进了水稻根尖有丝分裂活动。

大量研究报道了关于空间搭载后植物根尖细胞染色体突变，也有部分研究报道了花粉细胞在经过空间诱变后变异。李金国等研究发现，空间诱变会引起绿菜花花粉母细胞染色体畸变，其细胞减数分裂终变期染色体数目不均等分离，并出现易位和倒位染色体，后期会出现落后染色体。陈忠正对空间诱变产生的水稻不育材料进行研究发现，花粉发育异常最早出现在早间期，中层异常引起了败育，败育时期是二分体。此发现与已报道的水稻雄性不育由绒毡层异常的机理不一致。陈忠正认为，中层变异是由于某个（些）在中层中特异表达的基因异常引起的，即由于高空辐射使中层正常降解的基因发生变异，从细胞学水平证明了空间诱变作用。

空间环境引起的常见的细胞异常分裂有：G1 期延长，有丝分裂指数减少，有丝分裂不同阶段出现反常的分裂数和细胞歧化，染色体分裂中期不沿赤道板排列，后期不能均衡分向两极或不分离，甚至多极有丝分裂。空间诱变通常引起的是染色体桥、微核和片，其次是亚倍体、超倍体等数目的改变。李金国研究表明，空间诱变会导致绿菜花的花粉母细胞畸变，未搭载的则全部正常。SP_1 绿菜花在现蕾期的花粉母细胞染色体产生明显分离，染色体结构及数量产生明显变异，经搭载的绿菜花染色体为 n=11 或 n=6（对照 n=9），或呈环状、呈四体环和倒 8 字形环，或出现染色体断裂现象；在花粉母细胞减数分裂后期和末期出现落后染色体。此外，经搭载的绿菜花后代的四分体期细胞分裂时产生明显的不均等分裂，染色体在细胞中分配紊乱。后期的细胞向两极分离时，一边染色体是 8 条，另一边染色体是 9 条，有一条落于赤道板。

一、空间诱变对龙牧 803 和肇东苜蓿染色体行为的影响

"第 18 颗返回式地球卫星"，2003 年 11 月 3 日至 21 日，在轨运行 18d。

卫星运行的近地点高度为 200 km，远地点高度为 350 km，轨道倾角为 63°。飞行期间平均辐射剂量 0.102 mGy/d，周期 90 min。王长山等利用"第 18 颗返回式地球卫星"搭载了紫花苜蓿种子，龙牧 803 和肇东苜蓿。

将诱变的种子置于（23 ± 1）℃恒温箱中浸种 36 h，在 25℃恒温光照培养箱里培养。至根尖长 1.0~1.5 cm 时剪根，卡诺（camoy）固定液中固定 20 h，保存于 70% 的酒精中。取材料置于 1 mol/L 盐酸中，60℃恒温水浴，解离 10 min，醋酸洋红染色，改良压片法制片，进行显微摄影，液态氮冷冻，树脂封片，制成永久装片，每种处理显微观察 50 个左右根尖，每个根尖随机观察 100~150 个细胞，计数根尖分生组织内携有可见染色体结构变异及有丝分裂行为异常的细胞数，计算染色体畸变细胞率及有丝分裂指数（MI）。

卫星搭载的"龙牧 803"和"肇东"苜蓿种子，其根尖细胞有丝分裂数均高于地面对照组的，表明空间环境可以促进苜蓿细胞的有丝分裂活动（表 4-1）。同时，在空间搭载的两个材料中可以观察到大量的微核，其在中、后、末期与断片、落后、粘连、桥等并存，经过分析表明，空间诱变的染色体畸变类型以微核为主。卫星搭载苜蓿种子可在有丝分裂细胞内诱发多种染色体结构变异（表 4-2）。例如染色体单桥、多桥、断片、落、粘连、微核等。有研究指出，紫花苜蓿龙牧 803 具有辐射敏感性，其 VID 在 94·105KR，SLD 在 48~63KR，而本试验采用的 5KR 辐射剂量远未达到半致死剂量。γ 射线和空间飞行对根尖细胞染色体均有致畸作用，染色体畸变类型相似，但有丝分裂指数具有显著差异，说明空间诱变可以促进根尖细胞有丝分裂活动，生理损伤较小。

表 4-1　空间环境对苜蓿的细胞学效应

品种	染色体畸变细胞率（%）			有丝分裂指数（%）		
	SE	CK	γ-Rays	SE	CK	γ-Rays
龙牧 803	1.26	0.48	0.85	14.82	13.19	12.56
肇东	1.07	0.49	15.79, 12.91			

引自王长山，2005

表4-2　空间环境对苜蓿根尖细胞染色体畸变效应

品种	诱变因素	观察细胞数	微核	单桥	多桥	断片	落后染色体	粘连
龙牧803	CK	4 770	11（0.23）	5（0.10）	0（0.00）	4（0.08）	3（0.06）	0（0.00）
	SE	4 985	47（0.94）	4（0.08）	1（0.02）	3（0.06）	6（0.12）	2（0.04）
肇东	CK	4 630	10（0.22）	4（0.09）	0（0.00）	5（0.11）	4（0.09）	0（0.00）
	SE	4 837	39（0.81）	5（0.10）	0（0.00）	2（0.04）	5（0.10）	1（0.02）

引自王长山，2005

　　有研究表明，辐射和射线都能引起植物的染色体细胞分裂异常和各类畸变，空间诱变的苜蓿种子同样在有丝分裂细胞染色体发生各种可见变异（图4-1）。最主要变异类型是微核（图4-1中图版1、图版2）、多微核（图4-1中图版3）和多核（图4-1中图版10、图版11），其主要出现在细胞的中后

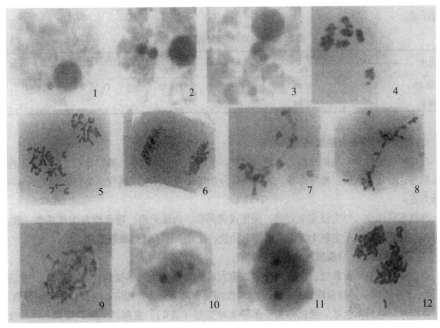

图版1、图版2、图版3分别为单微核、双微核、多微核；图版4为染色体断片；图版5为后期的一条落后染色体和断片；图版6为后期的两条落后染色体；图版7是有丝分裂中期染色体粘连；图版8为后期染色体单桥，图版9为染色体多桥；图版10为三核；图版11为多核；图版12为游离染色体

图4-1 染色体畸变类型及细胞分裂异常图版

末期。在中期出现染色体断片（图 4-1 中图版 4）、粘连（图 4-1 中图版 7）；在后期出现染色体落后（图 4-1 中图版 5、图版 6）；在后末期出现染色体桥（图 4-1 中图版 8、图版 9）和个别游离染色体（图 4-1 中图版 12）。

二、空间诱变对紫花苜蓿 3 个品系染色体行为的影响

2006 年 9 月，9 个由中国农业科学院草原研究所提供的紫花苜蓿品系，品系 1、品系 2、品系 4 搭载我国"实践八号"育种卫星进行空间诱变处理。供试种子经过清选后，分为两份，一份缝入布袋，进行卫星搭载；另一份作为地面对照。紫花苜蓿的 3 个品系为品系 1、品系 2 和品系 4，是由新疆大叶、公农 1 号、WL323、Queen 等国内外 4 个品种选配而成，其中品系 1 是以抗寒、耐盐碱为目标，亲本来自工农 1 号和 WL323；品系 2 兼顾抗逆和高产，亲本是由新疆大叶、工农 1 号、WL323 和 Queen 组成；品系 4 是以优质、高产为目标，亲本主要来自 Queen 和新疆大叶。供试材料均为四倍体，$4n = 32$。2008 年 5 月搭载种子和对照在温室育苗，种子单粒播种于 50 孔穴盘（每穴 5.5 cm × 5.5 cm × 11 cm），播种后第 7 天统计累计出苗数、出苗率，并观察统计子叶畸变情况。将对照和搭载后的种子放入培养皿，在 20℃培养箱萌发露白，低温 4℃处理 24 h，在 20℃中继续培养，待根长至 1.5~2.0 cm 时剪下，用卡诺固定液（无水乙醇：冰醋酸 = 3：1）固定 20 h，谢夫试剂染色，醋酸洋红复染 48 h，进行染色体制片（每处理 15 张制片）。每处理观察 10 个根尖，每个根尖随机选择约 300 个细胞，观察倍数 400 倍，计数器计数，Sony DSC - F828 显微照相，分别计算下列指标：

细胞分裂指数（%）=（分裂细胞数 / 观察细胞总数）× 100

染色体畸变率（%）=（染色体总畸变数 / 观察细胞总数）× 100

核畸变率（%）=（核总畸变数 / 观察细胞总数）× 100

经观察发现，3 个品系搭载组子叶均出现了不同程度的生理损伤如黄化、子叶缺刻、子叶卷曲等（图 4-2），相对应的对照组中则没有发现畸变子叶。子叶畸变率介于 10%~18%，3 个品系的子叶畸变率也存在差异，其中以品系 1 的畸变率最高（表 4-3）。

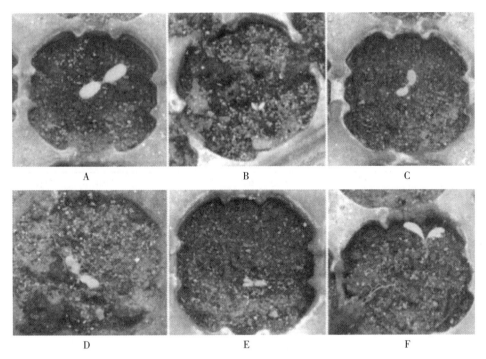

A 为正常子叶；B 为黄化子叶；C~F 均为畸变子叶，其中 E、F 为嵌合体

图 4-2　卫星搭载对子叶的影响

卫星搭载后，各品系的根尖细胞正常的有丝分裂均受到不同程度的影响，结果如表 4-4 所示。卫星搭载对不同品系的影响不一，既表现为促进根尖有丝分裂；也可能表现为抑制根尖的有丝分裂。对于品系 1，处理组的根尖细胞有丝分裂指数比地面对照降低了 19.8%；对于品系 2 和品系 4，处理组的细胞有丝分裂指数分别增加了 36.8% 和 37.7%。

表 4-3　卫星搭载对紫花苜蓿种子子叶的影响

材料	处理	异常子叶数	子叶畸变率（%）
品系 1	搭载	9	18
	对照	0	0
品系 2	搭载	5	10
	对照	0	0
品系 4	搭载	6	12
	对照	0	0

经卫星搭载后，各品系根尖细胞在有丝分裂间期均出现了微核、核出芽

等多种类型核畸变，其中以单微核为主要的变异类型。不同品系之间单微核率、多微核率及总微核率均存在明显差异。品系 1 的单微核畸变率最高，为 1.28%，比最低的品系 4（0.75%）高出 70.6%；多微核率以品系 2 最高，为 0.61%，比最低的品系 4（0.34%）高出 79.4%；总微核畸变率以品系 1 最高，为 1.84%，比最低的品系 4（1.09%）高出 68.8%。

表 4-4　卫星搭载对苜蓿根尖细胞有丝分裂指数及核畸变的影响

品系	处理	观察细胞数	有丝分裂细胞数	细胞分裂指数（%）	单微核率	多微核率	总微核率
品系 1	搭载	2 892	334	11.57	1.28	0.56	1.84
	对照	2 943	425	14.43	0	0	0
品系 2	搭载	3 114	566	18.17	0.88	0.61	1.49
	对照	2 958	392	16.28	0	0	0
品系 4	搭载	3 012	499	16.58	0.75	0.34	1.09
	对照	2 965	356	12.04	0	0	0

经卫星搭载后，各品系苜蓿根尖染色体在分裂中期出现染色体断片、染色体粘连等畸变类型；在分裂末期出现染色体单桥、双桥和多桥、落后染色体、游离染色体等畸变类型。其中部分细胞内同时存在多种染色体畸变。不同品系之间染色体畸变率均存在显差异。其中品系 1 的染色体总畸变率最高，为 2.14%，比最低的品系 4（1.57%）高出 36.3%（表 4-5）。

表 4-5　卫星搭载诱发苜蓿种子根尖细胞染色体畸变　　　　　　　　（%）

品系	处理	单桥	多桥	断片	落后	粘连	游离	总畸变率
品系 1	搭载	0.38	0.23	0.56	0.34	0.35	0.28	2.14
	对照	0	0	0	0	0	0	0
品系 2	搭载	0.29	0.43	0.32	0.26	0.12	0.23	1.65
	对照	0	0	0	0	0	0	0
品系 4	搭载	0.24	0.18	0.28	0.28	0.25	0.34	1.57
	对照	0	0	0	0	0	0	0

已有的研究表明，无论是混合粒子场还是单一 γ 射线诱变，当代种子根尖细胞有丝分裂均呈下降趋势。本试验发现卫星搭载对苜蓿根尖细胞有丝分裂

有两种影响：一是促进细胞有丝分裂，表现为分裂指数的增加；二是抑制有丝分裂，表现为分裂指数的减少，具体因品系而异。这与已有的研究并不完全一致。其可能原因有：① 空间诱变的特殊性。空间诱变是包括重粒子辐射、微重力等多种飞行因子作用的结果。相对于传统的地面诱变，它具有生理损伤轻、性状变异范围大等特点，因此对于空间诱变，同时出现抑制和促进有丝分裂也是可能的。② 由搭载材料诱变敏感度差异造成。不同材料携带不同的基因背景，因此对同一诱变条件具有不同的诱变敏感度。品系 1 的有丝分裂受到抑制，可能说明品系 1 的诱变敏感度高于其他 2 个品系。

经搭载后，苜蓿根尖细胞出现了微核、双核、多核、核出芽等核畸变类型，说明卫星搭载对苜蓿根尖细胞核有显著的诱变效应。这与已有的研究结果一致。Gao 等研究发现，相比对照，飞行组桔梗花梗细胞的细胞核形状多变，线粒体数目显著增加。在诸多核变异类型中，细胞微核一般是由染色体受损后形成的断片，或纺锤体受损丢失的整条染色体形成的，具有可遗传性，而且微核率与诱变剂量和诱变敏感性呈正相关，因此被认为是衡量染色体诱变损伤的可靠指标。本研究发现不同品系间搭载后微核率有明显差异，3 个品系的空间诱变敏感性为品系 1 > 品系 2 > 品系 4。紫花苜蓿种子经过 15 d 的卫星搭载后，其根尖细胞均出现了诸如染色体连桥、断片、微核、落后、粘连等畸变类型，这些畸变类型与常规的 ^{60}Co-γ 射线诱变基本一致。

搭载的 3 份材料间有丝分裂指数、微核率、染色体畸变率均存在明显差异。其中品系 1 经搭载后，细胞有丝分裂指数降低，微核率、染色体畸变率均高于另 2 个搭载品系。结果表明，卫星搭载对品系 1 不仅抑制细胞正常有丝分裂，还产生了较高频率的染色体畸变；对品系 2 和品系 4，则促进了细胞有丝分裂，同时染色体畸变率相对降低，这与笔者的发芽试验结果基本一致，即品系 1 主要表现为芽长、根长和苗重的显著降低；品系 2、品系 4 主要表现为芽长和苗重的显著增加。

三、空间诱变对紫花苜蓿 8 个品种染色体行为的影响

"实践八号"育种卫星同时搭载了"草原 1 号""肇东""龙牧 801""龙牧 803""WL232""WL323HQ""BeZa87"和"Pleven6"8 个品种的苜蓿种子。徐香玲等对搭载品种进行了细胞学分析。

每个紫花苜蓿品种随机挑选 3 000 粒种子，用白色棉布袋包装注明。返

地后，将 8 个苜蓿品种未经处理的干种子和空间搭载的干种子水洗后分别放入铺有湿滤纸的培养皿，在 23.5℃培养箱中萌发露白，低温 4℃处理 24 h，在 23.5℃培养箱中继续培养，待根尖长度 1.5 cm 左右时剪下，放在冰水混合物中处理 20~22 h，卡诺固定液（无水乙醇∶冰醋酸体积比为 3∶1）固定 20~22 h，70% 酒精中保存。洗后，1 mol/ L 盐酸室温解离 8~9 min，卡宝品红染色 24 h 以上，进行染色体制片，Leica DM 4000 B 高倍显微镜下镜检、拍照。8 个苜蓿品种的对照和诱变各取 10 个根尖进行染色体制片。对 10 个染色体片进行细胞学统计，在 40 倍镜下，每个染色体制片更换 4 个视野。统计细胞总数、分裂细胞数、正常分裂细胞数和染色体畸变数。计算细胞有丝分裂指数、辐射生物损伤和染色体总畸变率。

细胞分裂指数（%）=（分裂细胞数 / 观察细胞总数）× 100

辐射生物损伤（%）=（处理观察值 – 对照观察值）/ 对照观察值 × 100

染色体畸变率（0.1%）=（染色体总畸变数 / 观察细胞总数）× 100

经空间搭载的 8 个紫花苜蓿品种第 1 代根尖细胞有丝分裂活动都受到影响（表 4-6）。WL232、WL323HQ、BeZa87、Pleven6、龙牧 801、龙牧 803、肇东苜蓿和草原 1 号 8 个紫花苜蓿品种的有丝分裂指数均升高，达到显著或极显著水平。研究结果说明，空间诱变增加了这 8 个紫花苜蓿品种的细胞活性，促进了种子根尖的细胞有丝分裂。8 个品种的有丝分裂指数的辐射生物损伤升高幅度依次为：龙牧 803> 龙牧 801> 肇东 >WL232>WL323HQ>BeZa87>Pleven6> 草原 1 号。草原 1 号辐射生物损伤增加的幅度最小，龙牧 803 增加的幅度最大。

经过空间诱变后的 WL232、WL323HQ、BeZa87、Pleven6、龙牧 801、龙牧 803、肇东、草原 1 号 8 个苜蓿品种空间搭载第 1 代根尖细胞染色体中出现了染色体粘连、断片、落后染色体、游离染色体等畸变，其中染色体断片是主要的畸变类型，而其他的畸变只在个别品种中出现（表 4-6）。WL232 和肇东根尖细胞染色体中出现了染色体游离和染色体断片，龙牧 801 中出现了染色体落后，龙牧 803 中出现了染色体粘连。8 个苜蓿品种经空间诱变后，染色体总畸变率的大小顺序为：肇东 < 龙牧 803<WL232< 草原 1 号 <WL323HQ<Be-Za87< 龙牧 801<Pleven6。肇东苜蓿的总畸变率最小，Pleven6 的总畸变率最大，均达到了极显著水平（P<0.01）。据此可以初步判断，Pleven6 苜蓿的染色体对空间诱变的敏感性最高，肇东苜蓿的敏感性最低。

8 个紫花苜蓿品种的空间搭载第 1 代根尖细胞的有丝分裂指数都高于对照

组，表明空间诱变可以促进苜蓿根尖有丝分裂。这与^{60}Co-γ 射线辐照苜蓿种子的有丝分裂指数降低不一致。与前面关于"实践八号"搭载的苜蓿品系 2、品系 4 有丝分裂指数增高的研究结论一致，说明了空间搭载对一些苜蓿品种起促进作用。

空间搭载第 1 代根尖细胞染色体发生畸变，其中以染色体断片出现的频率为最高，个别品种观察到了染色体粘连、染色体落后、染色体游离。有报道指出^{60}Co-γ 射线照射陇东苜蓿、关中苜蓿、新疆大叶苜蓿后，M 代根尖分裂细胞出现各种染色体畸变，包括染色体桥、环状染色体、落后染色体、染色体断片等，搭载"实践八号"的 8 个苜蓿品种染色畸变较小，没有出现环状染色体、染色体桥。^{60}Co-γ 射线照射陇东苜蓿、关中苜蓿、新疆大叶苜蓿后，M1 代根尖分裂细胞出现大小、数量不同的微核，而搭载"实践八号"的 8 个苜蓿品种没有观察到微核。搭载"实践八号"的 8 个苜蓿品种染色体畸变率与细胞有丝分裂辐射生物损伤变化趋势不一致，可能由于空间环境复杂，对生物材料不仅起到诱发作用，彼此之间还具有协同作用，影响染色体畸变和有丝分裂指数的因素并不同。

表 4-6　航天诱变 8 个苜蓿品种 SP1 代根尖细胞染色体畸变率

品种	处理	断片（0.1%）	游离（0.1%）	粘连（0.1%）	落后（0.1%）	桥（0.1%）	总畸变率（0.1%）
WL232	CK	0	0	0	0	0	0
	SP	4.48	0.64	0	0	0	5.12
WL323HQ	CK	0	0	0	0	0	0
	SP	9.76	0	0	0	0	9.76
BeZa87	CK	0	0	0	0	0	0
	SP	9.78	0	0	0	0	9.78
Pleven6	CK	0	0	0	0	0	0
	SP	15.26	0	0	0	0	15.26
龙牧 801	CK	0	0	0	0	0	0
	SP	12.65	0	0	0.97	0.74	14.36
龙牧 803	CK	0	0	0	0	0	0
	SP	3.71	0	0.74	0	0	4.45
肇东	CK	0	0	0	0	0	0
	SP	2.98	0.75	0	0	0	3.73
草原 1 号	CK	0	0	0	0	0	0
	SP	7.99	0	0	0	0	7.99

四、空间诱变对龙牧 803 和龙饲 0301 紫花苜蓿染色体行为的影响

空间诱变是指利用返回式卫星、飞船等航天器搭载农作物种子，利用太空中的特殊环境（包括微重力、太空辐射、高真空、弱地磁等因素）诱发变异。太空环境因素协同诱变具有显著的特点和效应，但由于太空实验投资大，实验机会十分有限。因此，有必要进行地面模拟太空环境因素的试验研究，这有利于揭示空间诱变机理。1989 年，我国在中国地震局地球物理研究所建立了第 1 个零磁空间实验室，主要用于精密仪器校正和消磁等。小麦在零磁空间处理后表现出良好的诱变效应。

零磁空间为采用双层磁屏蔽结构和线圈补偿方式相结合的大型 26 面体磁屏蔽装置，其直径 2.3 m，磁强 $\leqslant$ 20 nT，为地球磁强度的 4×10^{-4}。2002 年，张月学等在中国地震局地球物理研究所零磁空间实验室处理苜蓿品种龙牧 803，在后代中选育出高产品系，2005 年通过黑龙江省牧草品种审定，定名龙饲 0301。苜蓿种子放入 23℃人工气候箱，待幼根长至 1.5~2 cm 时用冰水混合液进行根尖预处理。选取 30 个良好的中期分裂相细胞，统计细胞的染色体数目。

根据自然界物种有别的根本要求，一般情况下染色体数目及核型特征在物种发育过程中有着相对稳定的表现。龙牧 803 与龙饲 0301 种子根尖经过冰处理、固定后进行染色体制片，得到结果是二者均为 32 条染色体。研究表明，零磁空间对苜蓿染色体数目没有影响，同时表明龙牧 803 与龙饲 0301 具有亲缘关系。

第二节　空间诱变对紫花苜蓿细胞结构的影响

植物细胞在光学显微镜下可观察到四个部分的结构：细胞壁、细胞膜、细胞质和细胞器（图 4-3）。

细胞壁位于植物细胞的最外层，是一层透明的薄壁。它主要是由纤维素与果胶组成的，孔隙较大，物质分子可以自由透过。细胞壁对细胞起着支持和保护的作用。

细胞膜是细胞壁内侧紧贴着的一层薄膜。细胞膜主要由蛋白质分子和脂类

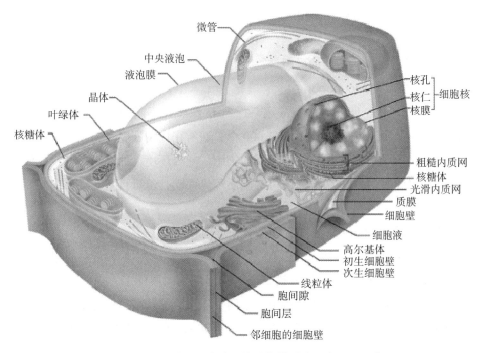

图4-3　植物叶肉细胞的立体结构模型（王忠，2009）

分子构成。在细胞膜的中间，是磷脂双分子层，这是细胞膜的基本骨架。它可以让水和氧气等小分子物质能够自由通过，而某些离子和大分子物质则不能自由通过，因此，它除了起着保护细胞内部的作用以外，还具有控制物质进出细胞的作用：既不让有用物质任意地渗出细胞，也不让有害物质轻易地进入细胞。

细胞质是细胞膜包着的黏稠透明物质。其中还可看到一些带折光性的颗粒，这些颗粒多数具有一定的结构和功能，类似生物体的各种器官，因此叫做细胞器。在细胞质中，往往还能看到一个或几个液泡，其中充满着液体，叫做细胞液。在成熟的植物细胞中，液泡合并为一个中央液泡，其体积占去整个细胞的大半。

细胞器是散布在细胞质内具有一定结构和功能的微结构或微器官。植物细胞中的细胞器主要有叶绿体、线粒体、核糖体、高尔基体、内质网和中心体等。它们组成了细胞的基本结构，使细胞能正常的工作、运转。它们各自具有特定的生理功能，并协同完成许多复杂的生理过程和代谢反应。此外，在看似无结构的细胞质基质内也进行着多种复杂的反应。

1. 叶绿体（Chloroplast）

植物细胞中由双层膜围成，含有叶绿素能进行光合作用的细胞器。叶绿体基质中悬浮有由膜囊构成的类囊体，内含叶绿体 DNA。

2. 线粒体（Mitochondria）

一般呈球状、卵形，$1.0\mu m$ 宽，$1\sim3\mu m$ 长。在不同种类的细胞中，线粒体的数目相差很大，一般为 $100\sim3\,000$ 个。通常在代谢强度大的细胞中线粒体的密度高；反之较低。如衰老或休眠的细胞，缺氧环境下的细胞，其线粒体数目明显减少。细胞中的线粒体既可随胞质环流而动，也可自主运动移向需要能量的部位。

3. 核糖体（Ribosome）

它又称核糖核蛋白体，无膜包裹，大致由等量的 RNA 和蛋白质组成，其多数分布于胞基质中，呈游离状态或附于粗糙型内质网上，少数存在于叶绿体、线粒体及细胞核中。核糖体由大小两个亚基组成。高等植物细胞质中核糖体的沉降系数为 80S，大亚基 60S，小亚基 40S，大小亚基各由多种蛋白质和相应的 rRNA 组成。

4. 高尔基体（Golgi apparatus）

由多个垛叠在一起的碟形囊泡和分布在其周围的小囊泡（高尔基体小泡）组成。根据囊泡的形状和结构，将组成高尔基体的囊泡分为三种类型：扁平囊泡、分泌囊泡和运输囊泡。扁平囊泡是高尔基体的基本组分。

5. 内质网（Endoplasmic reticulum）

内质网是交织分布于细胞质中的膜层系统，通常可占细胞膜系统的一半左右。大部分呈膜片状，由两层平行排列的单位膜组成，膜厚约 5 nm，也有的内质网呈管状，此外，在两层膜空间较宽的地方内质网则呈囊泡状。

6. 中心体（Centrosome）

主要含有两个中心粒。它是细胞分裂时内部活动的中心。低等植物细胞中有。它总是位于细胞核附近的细胞质中，接近于细胞的中心，因此叫中心体。在电子显微镜下可以看到，每个中心体含有两个中心粒，这两个中心粒相互垂直排列。中心体与细胞的有丝分裂有关。

7. 细胞核（Nucleus）

细胞遗传与代谢的调控中心。除成熟的筛管细胞外，所有活的植物细胞都有细胞核，其形状与大小因物种和细胞类型而有很大差异。分生细胞的核一般呈圆球状，占细胞体积的大部分。在已分化的细胞中，因有中央大液泡，核常呈扁平状，贴近质膜。细胞核主要由核酸和蛋白质组成，并含少量的脂类及无机离子等。处于分裂间期的细胞核由核膜、染色体、核基质和核仁四部分组成。

空间环境等条件使植物实际上处于不正常生长条件下，所呈现出的细胞壁和细胞器的变化是植物在逆境条件下发生的变化。植物长期处于正常条件即低辐射重力条件下生长发育，在强辐射、微重力条件下，则形成了对植物的胁迫作用。在这种胁迫作用下，细胞的各个结构呈现出不适应，有些甚至出现了亚细胞结构的变化如细胞核变形、液泡变大、胞壁加厚、细胞间隙变化、内质网增多、线粒体数目增加、叶绿体个数减少、叶绿体变形、细胞器相对位置变化及细胞迅速衰老等。

空间搭载的植物细胞形状、大小变化与植物品种及细胞类型有关。例如，小麦、玉米和大豆经空间搭载后根细胞较大；玉米柱细胞和松树子叶大小无差异；而兰花的叶、茎和根细胞变小。

细胞器及细胞壁在重力条件下形成固定的模式，一旦重力变化，细胞器及细胞内含物的顺序受到干扰，出现无序状态。空间搭载的许多植物返回地面后，叶片细胞壁变薄且凹凸不平，其薄化程度因植物种类不同而不同，一般表皮细胞的外壁减薄率最高。细胞壁薄化的主要原因是质膜上 Ca^{2+}-ATP 酶活性严重降低，质膜上钙泵因能源匮乏降低了驱动 Ca^{2+} 跨膜运转的能力，使得 Ca^{2+} 浓度梯度减小。细胞质内较高的浓度抑制了微丝和微管的聚合作用。细胞骨架变疏松，无力控制细胞器的固定和移动，因而细胞器移位。同时二者无法将内质网、高尔基体的分泌小泡导入细胞表面，形成细胞壁物质，使细胞壁内纤维素和木质素含量明显减少，细胞壁变薄且凹凸不平。玉米种子经空间搭载后，其幼苗和叶片细胞壁薄、凹凸不平、表面不规则、细胞大小不等、细胞质壁分离、细胞壁加厚、扭曲、部分细胞退化消失，仅留细胞壁等变化。空间诱变红豆草、马铃薯和香石竹细胞壁出现收缩，呈多角形、折皱形或增厚。Levine 研究发现，空间飞行 10 d 的小麦细胞壁结构和木质素含量及组成与地面组相似，但细胞壁生物聚合物的合成和纤维素微纤维有所沉积。

空间搭载过的植物细胞核会发生变化。例如，玉米经空间搭载后，幼苗叶片细胞中的细胞核变形、核模糊不清或缺刻。大豆和拟南芥根细胞核中有异常浓缩染色质分布和体积增加。小麦经过空间搭载后核体积增加。但也出现了经过空间搭载后，核结构未发生变化的植物材料，例如藿香、桔梗等。

空间诱变对叶绿体也会产生影响。卫星搭载后的玉米叶绿体形态和结构出现多种变异，叶绿体形状由凸透镜状变成圆形、长形和不规则形；叶绿体被膜缺刻、基粒垛数及单个基粒中类囊体数目减少，基质中类囊体排列松散及类囊体肿胀。经卫星搭载的红豆草叶片叶绿体变小，叶绿体内淀粉粒数量多且小，形状不规则，基粒直径小。

空间搭载的玉米幼叶细胞线粒体数目增加，嵴模糊不清；青椒和番茄经空间搭载后，其叶片细胞内出现大量的过氧化物酶体和线粒体，线粒体嵴膜清晰，呈杆状，基质中富含核糖体。在太空生长的拟南芥等根细胞中线粒体膨胀并带着浓密的电子基质区，线粒体内膜较少且无序，根尖部出现大液泡状结构；在超微结构上，线粒体大小和形状改变，并有造粉体淀粉贮存降低现象。

空间搭载的豌豆分散高尔基体末端分泌极的末端槽发生变化。经空间搭载的大豆根分生区高尔基体在分泌端外周面发生变化；与玉米分化细胞类型相关的高尔基体相对体积受微重力影响，如柱细胞以及外周细胞高尔基体体积变小，这与飞行植物黏液分泌降低具有相关性。

内质网靠近根冠细胞造粉体平衡石附近。空间搭载的玉米种子幼苗叶片中内质网数量增多、体积变大、出现环状膜结构、同心膜和壁旁体。微重力下，黄瓜、拟南芥和大豆柱细胞中内质网顺面电子密集区降低，核糖体粗面内质网消失，顺面减少变圆；十字花科内质网数量明显增加且排列松弛。

空间诱变后叶肉细胞排列明显疏松，玉米 SP1 的栅栏细胞细长、海绵组织细胞不规则、细胞间隙大。幼苗叶片细胞液泡增大、胞间连丝增多。研究发现，马铃薯和大豆空间飞行 16d 后，块茎中小型淀粉粒明显增多，淀粉粒直径变小。

一、空间诱变对 4 个紫花苜蓿品种细胞结构的影响

神舟 3 号飞船搭载的适合甘肃省天水市种植的 4 个高产紫花苜蓿品种（德宝、德福、阿尔冈金和三得利），种子由甘肃省天水绿鹏农业科技有限公司提供。

陈本建等将精选紫花苜蓿种子分为 2 份，将 1 份材料封入布袋由"神舟 3 号"返回式育种卫星进行搭载。另 1 份作地面对照（CK），贮存于地面温湿度相近（20℃左右）的环境中。田间种植的株行距为 50 cm×50 cm，并按单株进行田间标记。根据田间性状观察的结果，选取各品种矮化单株，田间按品种

进行标记。于 4 个紫花苜蓿品种分枝期在矮化植株中，采集植株顶部健康功能叶。叶片沿中脉切取大小为 5 mm×5 mm 的小块，FAA 固定液固定。采用石蜡切片法观察叶片的显微结构，石蜡切片的制作按照李正理的石蜡切片法，切片厚度 10 μm，番红 - 固绿双重染色。将典型制片在荧光显微成像系统摄影。采用 Motic Image 2000 1.3 软件进行显微测量，测量叶片厚度、海绵组织厚度、栅栏组织厚度、叶脉厚度，各显微结构观测值均为 30 个数值的平均值，并计算：

细胞结构紧密度（%）= 栅栏组织厚度 / 叶片厚度 ×100

细胞结构疏松度（%）= 海绵组织厚度 / 叶片厚度 ×100

叶脉突起度 = 叶脉厚度 / 叶片厚度

空间诱变后，紫花苜蓿不同品种叶片厚度：阿尔冈金＜三得利＜德宝＜德福，不同品种间，叶片厚度差异显著，与对照相比，4 个品种叶片厚度均显著大于对照。不同品种，叶脉突出程度不同，为了减小叶片厚度的影响，准确衡量其突出程度，采用叶脉厚度 / 叶片厚度的相对值叶脉突起度来体现。

空间诱变后，德宝的叶脉突起度与对照差异不显著，其他品种的叶脉突起度均显著小于对照。不同品种间叶脉突起度差异显著，叶脉突起度的顺序为：阿尔冈金＜德福＜三得利＜德宝。

栅栏组织厚度和叶片厚度有关，叶片厚度大，栅栏组织厚度也大（图 4-4，图 4-5）。不同品种间，栅栏组织厚度差异显著，与对照相比，4 个品种的栅栏组织厚度显著大于对照，栅栏组织厚度的表现顺序为：阿尔冈金＜德福＜德宝＜三得利。海绵组织厚度的表现顺序为：阿尔冈金＜三得利＜德宝＜德福。不同品种间，海绵组织差异显著，与对照相比，阿尔冈金的海绵组织厚度显著小于对照，其他品种叶片海绵组织厚度均显著大于对照。品种间，德宝的栅栏组织、海绵组织厚度显著大于其他品种。栅栏组织 / 海绵组织厚度比值顺序为：德福＜德宝＜三得利＜阿尔冈金，与对照相比，德福、德宝、三得利栅栏组织 / 海绵组织的比值均与对照差异显著，4 个品种中阿尔冈金的栅栏组织 / 海绵组织比值显著大于其他品种。

4 个品种细胞结构紧密度、细胞结构疏松度差异显著。与对照相比，三得利的细胞结构疏松度差异显著，德福、德宝、阿尔冈金的细胞结构紧密度差异显著。几个品种细胞结构紧密度的表现为：德福＜德宝＜阿尔冈金＜三得利，叶肉细胞排列疏松部位在海绵组织处，因此用海绵组织占叶片厚度的比例来表示细胞结构疏松度，4 个品种细胞结构疏松度的表现为：阿尔冈金＜三得利＜

德福＜德宝。

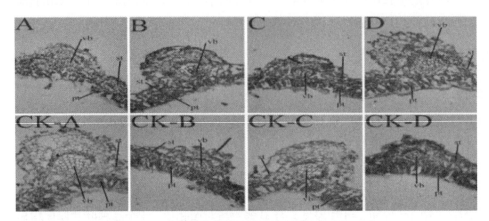

图4-4 不同紫花苜蓿品种叶脉显微结构（X400）

注：vb-维管束；pt-栅栏组织；st-海绵组织，下同。

引自张文娟，2010

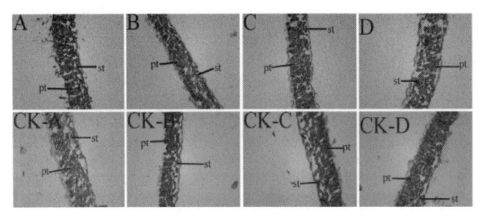

图4-5 不同紫花苜蓿品种叶片显微结构（X400）

引自张文娟，2010

  对苜蓿的研究表明，苜蓿叶片中，海绵组织和栅栏组织的空间搭载效应不同，空间搭载对海绵组织的影响要明显于栅栏组织，搭载组的海绵组织与对照差异明显，而栅栏组织搭载组与对照差异不显著。该试验中，4个紫花苜蓿品种的栅栏组织、海绵组织与对照均有显著差异，4个品种中，德福、德宝的栅栏组织、海绵组织厚度显著大于其他品种。空间搭载对苜蓿叶片细胞栅栏组织和海绵组织的空间搭载效应有待于进一步研究。本研究表明，空间环境能对紫花苜蓿叶片显微结构产生影响，叶片厚度、叶脉突起度、栅栏组织厚度、海绵组织厚度、栅栏/海绵厚度比和细胞组织结构紧密度等指标均会产生变异，但不同指标，不同品种的变化程度不同，并存在指标数量减小的情况，说明其变异方向及变异程度具有不确定性，和品种没有明显的相关性。有研究表明，空间条件（空间辐射、微重力等）还能对植物叶片的超微结构产生影响，如使细胞壁和细胞器发生变化，使叶绿体解体、叶绿体周围的线粒体、高尔基体的数量增加等，这说明空间环境会诱使植物发生变异，使植物的生长发育过程受到影响，并在亚细胞结构、细胞结构、组织、器官等多个形态层次上体现出来。

二、空间诱变对中苜1号紫花苜蓿细胞结构的影响

冯鹏等将精选后的紫花苜蓿"中苜1号"品种种子分为两份：一份作为地面对照（CK），另一份用于卫星搭载。搭载前对种子进行水分预处理，分别调为9%（自然含水量）、11%、13%、15%和17%。将预处理后的种子封入布袋，搭载于"实践八号"育种卫星。地面对照贮存于温度相近（25℃左右）的环境中。材料用FAA固定液固定，常规石蜡切片程序切片，切片厚度13 μm，番红—固绿双重染色，显微观察。每一处理设3次重复，各观测值均为30个数值的平均值。另外，分别剪取处理和对照相同部位的叶片，切成1 mm小块，用戊二醛溶液中进行前固定，用锇酸后固定。经0.1 mol/L的磷酸缓冲液冲洗，30%、50%、70%、80%和90%丙酮系列脱水后，用环氧树脂包埋、聚合。超薄切片，染色，在透射电镜下进行超微结构观察并照相。

空间诱变对紫花苜蓿叶片显微结构的影响因搭载种子含水量不同而异，海绵细胞和栅栏细胞厚度、层数及排列紧密程度空间诱变效应，9%和11%组别表现负向变异，搭载组明显低于对照（$P<0.05$）；13%~17%组别搭载组明显高于地面对照，表现出正向差异性（$P<0.05$）。空间搭载对海绵组织的诱变效应明显于栅栏组织，对低水分含量的组别的影响表现出负向效应，对高水分含量组别影响不显著。高水分含量组搭载处理叶片呈增厚趋势，特别表现在海绵组织上，厚度和紧密程度均有增加趋势，表明叶片细胞个体增大；15%和17%处理的对照和搭载处理均表现表皮厚度高于其他水分处理，表明水分含量达到一定程度时，空间诱变处理会对植物生长产生影响。

含水量9%搭载组细胞叶绿体扭曲，向细胞中央集中，膜膨散，基粒数目增多，基粒直径增加，片层数减少（图4-6中图版2）；11%搭载组叶绿体构成基粒的垛叠层数减少，基粒数目也减少，嗜锇颗粒数量及体积搭载组与对照

差异不明显（图 4-6 中图版 4）。含水量 13% 搭载组大部分叶绿体都失去了原有的形状，仅基粒片层无序堆积于细胞中央（图 4-6 中图版 6）；13% 搭载组叶绿体内嗜锇颗粒数目增加，体积变大（图 4-6 中图版 10）。15% 对照组线粒体内外膜膨大或破裂，内含物流出，嵴消失，出现空洞、溢裂现象（图 4-6 中图版 8）；而对照组线粒体较完整（图 4-6 中图版 7）。15% 搭载组叶绿体内淀粉粒数量增多，体积变大（图 4-6 中图版 12）；17% 含水量对照组细胞也出现叶绿体形状扭曲，叶绿体向细胞中央集中的现象，这表明高含水量贮藏对种子有一定程度的不利影响，17% 搭载组海绵细胞细胞壁明显加厚；个别海绵细胞，淀粉粒几乎占据了整个细胞，数目多，体积大（图 4-6 中图版 14）。总体来看，随着水分含量增加，搭载后细胞中叶绿体向中央集中程度加剧，嗜锇颗粒数目增多，体积增大，密集，叶绿体膜消解迹象愈明显。

卫星搭载当代不同含水量处理间叶片显微结构有一定差异，但不明显；细胞超微结构均出现不同程度的变化，卫星搭载与水分处理的互作对叶绿体的影响较大，线粒体也出现较为明显的空洞和溢裂现象；15% 和 17% 搭载组叶绿体内淀粉粒较为明显，数量多，体积大。淀粉粒的数量及大小与搭载种子含水量有关，卫星搭载可能对高水分含量种子细胞淀粉粒的积累有一定影响。

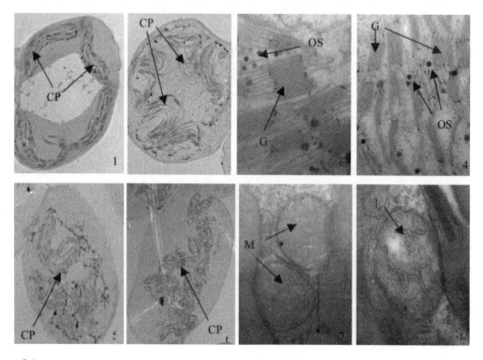

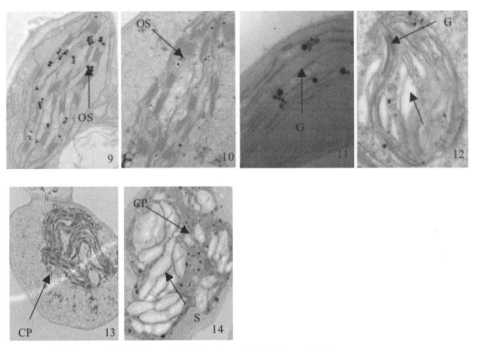

CP. 叶绿体；G. 基粒片层；M. 线粒体；OS. 嗜锇颗粒；S. 淀粉粒

图版 1. 9% 对照组叶绿体，×10 000；2. 9% 搭载组叶绿体，×10 000；3. 11% 对照组叶绿体基粒片层，×80 000；4. 11% 搭载组叶绿体片层，×80 000；5. 13% 对照组叶绿体，×8 000；6. 13% 搭载组叶绿体，×8 000；7. 15% 对照组线粒体，×80 000；8. 15% 搭载组线粒体，×80 000；9.13% 对照组嗜锇颗粒，×30 000；10. 13% 搭载组嗜锇颗粒，×30 000；11. 15% 对照组叶绿体，×10 000；12. 15% 搭载组叶绿体及淀粉粒，×10 000；13. 17% 对照组叶绿体，×10 000；14. 17% 搭载组淀粉粒，×10 000

图4-6　空间诱变对中苜 1 号紫花苜蓿细胞结构的影响

引自冯鹏，2008

参考文献

陈忠正，刘向东，陈志强，等 . 2002. 水稻空间诱变雄性不育新种质的细胞学研究 [J]. 中国水稻科学，16（3）：199-205.

邓立平，蒋兴村 . 1995. 利用空间条件探讨番茄青椒的遗传变异初报 [J]. 哈尔滨师范大学自然科学学报，11（3）：85-89.

杜连莹 . 2010. 实践八号搭载 8 个苜蓿品种生物学效应研究 [D]. 哈尔滨：哈尔滨师范大学 .

冯鹏 . 2008. 紫花苜蓿种子含水量对卫星搭载诱变效应的影响 [D]. 兰州：甘肃农业大学 .

高文远，赵淑平．1999.桔梗卫星搭载后超微结构的变化 [J]. 中国中药杂志，23（5）：267-268．

高文远，赵淑平．1999.太空飞行对洋金花超微结构的影响 [J]. 中国中药杂志，23（6）：332-334．

高文远，赵淑平．1999.太空飞行对药用植物藿香叶绿体超微结构的影响 [J]. 中国医学科学院学报，21（6）：478-482．

康玉凡，申庆宏，乔玉梅．1998.我国首楷品种的适宜辐射剂量 [J]. 内蒙古农牧学院学报，19（2）：68-74．

李金国，王培生，张健，等．1999.空间飞行诱导绿菜花的花粉母细胞染色体畸变研究 [J]. 航天医学与医学工程，8（4）：245-248．

李金国，蒋兴村，王长城．1996.空间条件对几种粮食作物的同工酶和细胞学特性的影响 [J]. 遗传学报，23（1）：48-55．

李群，黄荣庆．1997.外空飞行后小麦根尖细胞的染色体畸变 [J]. 植物生理学报，23（3）：274-278．

李欣，彭正松，杨军．2007.航天搭载青稞遗传变异初报 [J] . 核农学报，21（6）：541 -544 ．

李玉滨，郭桂云．1990.氮氖激光处理番茄种子最适剂量的研究 [J]. 中国激光，17（3）：189-192．

刘敏，王亚林，薛淮．1999.模拟微重力条件下植物细胞亚显微结构的研究 [J]. 航天医学与医学工程，12（5）：360-363．

马鹤林．1992.种豆科牧草辐射敏感性及适宜辐射剂盘的研究 [J]. 中国草地，21（6）：1-5．

任卫波，赵亮，王蜜，等．2008.苜蓿种子空间诱变生物学效应研究初报 [J]. 安徽农业科学，36（32）：14039-14041．

任卫波，徐柱，陈立波，等．2008.紫花苜蓿种子卫星搭载后其根尖细胞的生物学效应 [J]. 核农学报，22（5）：566-568．

申庆宏，马鹤林，海棠，等．1999.内蒙古主要豆科牧草种和品种辐射生物学效应及敏感性分析 [J]. 内蒙古农牧学院学报，20（2）：39-43．

翁曼丽，李金国，高红玉，等．1985.大肠杆菌菌种空间变异的研究 [J]. 航天医学与医学工程，1（4）：245-248．

杨茹冰，张月学，徐香玲，等．2007.^{60}Co -γ 射线辐照紫花苜蓿种子的细胞生

物学效应 [J]. 核农学报，21（2）：136 –140.

杨欣欣，徐香玲，张月学，等. 2010. 太空诱变稗属四个农家种的细胞学效应研究 [J]. 黑龙江农业科学，5：16–18.

伊虎英. 1993. 尾波与 6 0Co-γ 射线复合处理对小麦根尖细胞遗传学效应的影响 [J]. 核农学通报，14（1）：18–21.

张月学，韩微波，唐凤兰，等. 2007. 零磁空间对紫花苜蓿的诱变效应及作用机理研究 [C]. 北京：中国航天诱变育种，620–627.

张文娟. 2010. 4 个紫花苜蓿品种空间诱变效应的研究 [D]. 兰州：甘肃农业大学.

张蕴薇，任卫波，刘敏，等. 2004. 红豆草空间诱变突变体叶片同工酶及细胞超微结构分析 [J]. 草地学报，12（3）：223–226.

赵燕，汤泽生，杨军，等. 2004. 航天诱变凤仙花小孢子母细胞减数分裂的研究 [J]. 生物学杂志，21（6）：32–34.

Abilov Z K. 1986. Adaptive Physiological and morphological changes in chloro-plasts of Plants, different Periods of time cultivated of at "Salyut-7" station [C]. In: Plenary Meeting COS-PAR. Abstr., 6th, Toulouse:301-306.

Cermeno M. L. 1985.C-banding analysic of gammaradiation-induced chromozomal interchanges in rye Berl [J]. Chroumosoma, 91: 297-306.

Gao W. Y., Fan L., Paek K. Y., et al. 2001. Space flight of platycodon grandiflorum seeds changes ultrastructure of pedicel and style cells [J]. Journal of the Korean Society for Hortiultural Science, 41(6): 545- 549.

Halstead T. W. 1982. The NASA space biology Program [R]. Publication of NASA space biology program 1980-1984.

Kuznetsov O A, Brown C S, Levine H G, et al. 1995.Composition and physical properties of stalchin microgravity-grown plants [J]. Isitologiyai Genetika, 29(4):15-21.

Nevzgodina L V, Maksimova Y N. 1982.Cytogenetic effects of heavy charges parti-cles of galactic cosmic radiation in experiments aboard Cosmos-1129 biosatelliteI [J]. Space Biol Aerosp Med,16: 103-111.

Pickert M, Gartenbach K E, Kranz A R. 1992.Heavy ion induced mutation in genetic effective cells of high plant [J]. Adv space Res,12:69-75.

第五章　空间诱变对紫花苜蓿
生理生化特性的影响

　　植物生理学是研究植物生命活动规律及其与环境相互关系、揭示植物生命现象本质的科学。其目的在于认识植物的物质代谢、能量转化和生长发育等的规律与机理、调节与控制以及植物体内外环境条件对其生命活动的影响。包括光合作用、植物代谢、植物呼吸、植物水分生理、植物矿质营养、植物体内运输、生长与发育、抗逆性和植物运动等研究内容。

　　植物生物化学是运用化学的方法和理论研究生命物质的学科。主要研究生物体分子结构与功能、物质代谢与调节以及遗传信息传递的分子基础与调控规律。除了水和无机盐之外，活细胞的有机物主要由碳原子与氢、氧、氮、磷、硫等结合组成，分为大分子和小分子两大类。前者包括蛋白质、核酸、多糖和以结合状态存在的脂质；后者有维生素、激素、各种代谢中间物以及合成生物大分子所需的氨基酸、核苷酸、糖、脂肪酸和甘油等。在不同的生物中，还有各种次生代谢物，如萜类、生物碱、毒素、抗生素等。

第一节　空间诱变对紫花苜蓿同工酶的影响

　　同工酶（isozyme，isoenzyme）广义是指生物体内催化相同反应而分子结构不同的酶。按照国际生化联合会（IUB）所属生化命名委员会的建议，则只把其中因编码基因不同而产生的多种分子结构的酶称为同工酶。同工酶是指催化相同的化学反应，但其蛋白质分子结构、理化性质和免疫性能等方面都存在明显差异的一组酶。由不同基因产生的肽链而衍生的同工酶。这里所指的不同基因可以在不同染色体或在同一染色体的不同位点上，这类同工酶因分子结构差异较大，彼此间无交叉免疫。但同工酶的不同基因也可以是同源染色体的等位基因，这种成对的等位基因上两个基因结构不同的情况，在遗传学上称为杂合子。杂合子在同一个体中可合成同一种酶的两种不同肽链或亚基，这两种亚基尚可杂交，形成同工酶。在生物群体的不同个体中，有时同一基因位点上的一个（对杂合子来说）或一对（对纯合子来说）基因也可发生遗传变异，从而产生变异的酶，出现群体中的遗传多态。不同个体中这些遗传变异的酶也属于基因性同工酶。由同一基因转录出前体核糖核酸（前体 RNA），经过不同的加工剪接过程而生成多种不同的 mRNA，再转译出多种肽链，从而组成同工酶。

在植物中，一种酶的同工酶在各组织、器官中的分布和含量不同，形成各组织特异的同工酶谱，叫做组织的多态性，体现各组织的特异功能。大多数基因性同工酶由于对底物亲和力不同和受不同因素的调节，常表现不同的生理功能，所以同工酶只是做相同的"工作"（即催化同一个反应），但却不一定有相同的功能。

同工酶是植物基因表达较直接的产物，每个品种具有基本稳定的同工酶带，同工酶分析是可靠和可重复的植物空间诱变的生化分析手段，同时可以与形态数据互补，鉴别、预测和筛选空间诱变变异。同工酶是分子水平上进行植物遗传多态性研究的重要手段。

空间诱变对同工酶影响的研究多集中在过氧化物酶同工酶（POD）、超氧化物歧化酶同工酶（SOD）、过氧化氢酶（CAT）和酯酶同工酶（EST）。过氧化物酶及其同工酶属氧化酶系统，主要参与木质素的聚合和酚类氧化为醛的作用。此外，过氧化物酶还是细胞内重要的内源活性氧的消除剂。在高等植物中，过氧化物酶广泛而大量地分布于植物的各器官组织中，与体内许多生理代谢过程有关。酯酶存在于植物各部位和不同发育时期的细胞中，主要分布在细胞质的球状颗粒内。由于它们能水解非生理存在的酯类化合物，包括一些药物。因此，认为可能对植物有去毒作用。酯酶同工酶多用于植物种质资源调查、病原菌致病力和生理分化鉴定等领域。许多研究表明，空间诱变处理后，植物同工酶发生了不同程度的变化。但空间诱变具有随机性和不确定性，使得诱变植物的同工酶谱带出现缺失或增加。许多研究表明，空间诱变能使植物幼苗的过氧化物酶、超氧化物歧化酶、过氧化氢酶和酯酶同工酶酶谱变化，例如数量增减等。空间搭载的番茄过氧化物酶及酯酶同工酶谱带增加了两条，对该突变体连续进行三代的观察，发现其无限生长习性稳定可遗传。青椒经过空间飞行后，过氧化物同工酶谱带增加两条，而酯酶同工酶没有变化。草莓和马铃薯在微重力条件下的过氧化物同工酶活性较对照强，并且出现了一条新谱带。

空间诱变后的小麦种子过氧化物酶和酯酶同工酶谱带减少。棉花空间搭载后后代不同突变体酶带有的增加，有的减少。高粱种子突变体后代细胞色素氧化酶和酯酶同工酶酶带种类遗传差异较大。棉花种子经卫星搭载的第一代和第二代植株的过氧化物同工酶酶带数目有变化。卫星搭载后育成的"甜椒87-2"与地面对照"龙椒二号"比较发现，育成品种过氧化物同工酶有明显变化。经神舟4号飞船搭载的红豆草种子，当代出现匍匐型突变体，其匍匐型突变体、空间诱变直立型植株及对照之间过氧化物酶同工酶酶带数没有明显差异，其中匍匐型突变体酯酶同工酶酶带数与对照相同，空间诱变直立型植株酶带数多于对照。经空间搭载的二色胡枝子当代叶片同工酶谱带之间及与对照之间均存在差异。

一、空间诱变对紫花苜蓿抗寒新品系同工酶的影响

2006年9月9日由中国农业科学院草原研究所提供的紫花苜蓿搭载我国"实践八号"育种卫星进行空间诱变处理。供试种子经过清选后，分为两份，一份缝入布袋，进行卫星搭载；另一份作为地面对照。2008年5月搭载种子和对照在温室育苗，种子单粒播种于50孔穴盘（每穴5.5 cm×5.5 cm×11 cm），种1个月后测量幼苗株高。对照随机选取20株测量，搭载材料选取120株测量，并进行突变材料初步筛选。其筛选标准参照Wei等的方法，入选标准为：入选株性状＞对照平均值+3倍标准差。搭载组（选12株变异株）和对照组（随机选取12株），单株采集新鲜叶片，进行同工酶分析。

每个单株取0.5 g新鲜叶片，在冰浴条件下用1 mL样品提取液〔（Tris-HCl（62.5 mM，pH值为6.7）加10%的蔗糖〕进行匀浆研磨，再用0.5 mL样品提取液冲洗研钵4℃，12 000r/min转离10 min，然后取上清液1 mL分装，-20℃保存备用，搭载组中每单株酶液吸取0.1 mL，配制成0.4 mL的飞行组混合样；对照组每单株酶液吸取0.1 mL，配制成0.4 mL对照组混合样，分别对搭载组与对照组混合样进行酶活性测定取酶样品0.1 mL，25%蔗糖溶液0.1 mL，0.05%溴酚蓝溶液0.05 mL混合后，用微量注射器取20 L上述混合液，通过缓冲液，小心地将样品加到凝胶凹形样品槽底部上样完成后即开始电泳电压80 V，温度0~4℃待溴酚蓝迁移至下端约1 cm处停止，用去离子水冲洗凝胶板后，放入白瓷盘中染色将配好的染色液倒入白瓷盘内凝胶板上，37℃保温30 min酶带呈紫红色取出漂洗后，7%醋酸中保存。

结果表明，与地面对照相比，飞行组的过氧化物酶平均活性差异显著。经过卫星搭载后，过氧化物酶活性有所增强，卫星搭载不仅对过氧化物酶活性有影响，对其酶种类的组成也有显著影响。

二、空间诱变对龙牧 801 苜蓿同工酶的影响

2008 年收获的紫花苜蓿龙牧 801 种子，于 2008 年 10 月 15 日至 11 月 2 日，经由返回式科学与技术实验卫星搭载，经过 17 d 的空间诱变处理后返回地面，于 2009 年 5 月由李波等在齐齐哈尔大学生物园实验基地种植。经 2 年的地面生长后，以形态上初步筛选的 47 份空间诱变苜蓿株系和未搭载的苜蓿（对照）叶片为材料进行试验。分别取 0.5 g 相同部位的幼嫩叶片提取上清液于 −20℃保存，采用不连续垂直板聚丙烯酰胺凝胶电泳，将 DYY−8C 型电泳仪放在 4℃冰箱中，起始电压调至 100 V，当溴酚蓝到达下层分离胶时电压调至 200 V，待溴酚蓝移至距玻板下端 1.0 cm 处停止电泳。电极缓冲液为 Tris−Gly（pH 值为 8.3）用醋酸联苯胺染色液，于室温下显色，得到 POD 同工酶的蓝色酶谱。染色后胶片用清水漂洗后拍照。利用 Band Scan 5.0 对图片进行酶带分析，根据酶谱计算迁移率 Rf。Rf=ri/R。式中：ri 为从电泳泳道点样点到电泳条带的距离；R 为从电泳泳道的点样点到溴酚蓝条带的距离，同工酶聚类分析参照 Sheath 和 Sokal 于 1973 年的报道，根据任何 2 份材料同工酶酶谱相似值的估算，可知 2 份材料之间的相似性系数。

相似性系数 = 两品种间共同具有的酶带数 / 两品种酶带总数

48 份苜蓿株系的过氧化物同工酶电泳图谱和模式图谱见图 5−1。根据酶带特征，计算从负极到正极的迁移率（Rf= 酶带迁移的距离 / 溴酚蓝迁移的距离）（图 5−1）。按特定带划分成 3 个区：A 区（0.06 −0.18）、B 区（0.18~0.28）、C 区（0.28~0.43）。其中酶带数量较多活性较强分布较集中的是 A 和 C 区，而 B 区没有酶带出现。图 5−1 表明，各卫星搭载苜蓿单株的酶带数量位置酶活强弱各有不同。其中酶带数最多的有 7 条，最少的有 3 条。A 区的 Rf= 0.06 和 C 区的 Rf=0.35 为所有材料的共有带，出现率为 100% 其中株系 6L−5 表现出了 1 条与对照明显不同的超强特征酶带（Rf= 0.06，酶活高），株系 1L−4 比对照少 3 条。酶带（Rf= 0.12，Rf= 0.18，Rf= 0.3），株系 3L−13 比对照明显少 3 条酶带（Rf= 0.12，Rf= 0.18，Rf=0.43），在一些株系中的 C 区出现新酶带（Rf=0.28）。这些特征酶带和差异酶带的显现说明了空间环境对苜蓿过氧化物

酶的表达产生了影响。

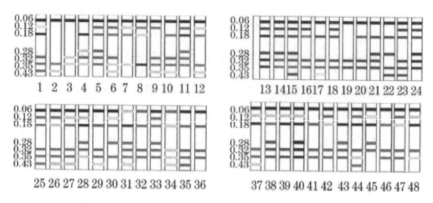

图5-1 苜蓿株系POD同工酶酶谱模式（李波，2014）

注：酶带强弱由颜色深浅表现

通过各株系所具有的酶带数计算出相似性系数，相似性系数在0~1之间（相似性系数越小说明两株系间差异越明显）。采用SPSS 17.0软件进行聚类分析，对照和47份卫星搭载苜蓿株系的相关性系数图5-1，筛选出相关性系数大于0.445的7株苜蓿株系分别为6L-5、1L-4、3L-13、7L-5、1L-1、5L-9和3L-8。

同工酶是基因表达的产物，其酶带的多少和迁移率的大小都是由结构基因所控制的。采用同工酶分析法对物种进行分析能较客观地反映物种内的遗传差异，是一种较为方便有效的手段。并且同工酶可以比较直接地反映植物间某些基因的异同和受到的诱变。虽然相对于遗传信息载体DNA水平标记，同工酶所能反映出的遗传变异并不能完全代表差异，但作为生化水平的标记，同工酶反映的是遗传信息载体DNA所编码的蛋白质差异，也就是表型差异的一种，并且其操作相对于DNA来说比较简单，适合于大量的植物差异筛选。

试验对47株经卫星搭载的苜蓿株系进行了过氧化物同工酶分析，大部分过氧化物同工酶酶谱都与对照不同。同工酶受基因调控，空间环境会改变基因的结构和功能，进而表现在过氧化物同工酶上。因此，本试验采用过氧化物同工酶作为指标，其酶谱较地面对照差异越明显，说明其受到的空间诱变效果越强；如果酶谱较地面对照相似，则说明其受空间环境的影响较小。通过过氧化物同工酶酶谱的分析可以发现，大部分株系都有酶带增加和缺失酶活性的增强和减弱现象，卫星搭载苜蓿株 6L-9 较对照增加了 1 条条带，卫星搭载苜蓿株 1L-4 较对照缺失了 3 条带，但其却是经卫星搭载后长势最好的，这与陈乐等的研究结果一致。有些株系酶带比地面对照明显增强，卫星搭载苜蓿株系 6L-5 酶带亮度明显高于对照，说明其酶活性显著增强，需要比正常株系更多的酶来清除过多的活性氧以维持正常的细胞功能（形态上此株系长势低矮叶片黄绿）。有研究表明，当植物受到空间的强烈辐射时，其体内的过氧化物酶活性也表现出显著增加的特征，这与本试验结果一致。这些都反映了空间诱变的结果，并且证明酶是受基因调控的一种蛋白质。

同工酶是植物体内重要的酶之一，它参与了植物体内许多生理生化反应，当苜蓿种子经空间环境的高辐射、微重力、低温等极端环境诱变后，过氧化物同工酶酶带和酶活强弱都有了显著变化，这是植株适应的标志，通过过氧化物同工酶的筛选和酶谱分析可以进一步探讨空间环境对植物诱变的机制。

在遭受到空间环境胁迫后，过氧化物酶会出现活性的显著变化，其酶本身的组成也会发生变化。所选的 47 个单株过氧化物酶同工酶谱与对照相比具有明显差异，都有新增带或缺失带，说明这些单株都可能在空间搭载条件下产生明显变异。筛选出 7 株差异较大的株系，利用这些变异可以培育出新的优良苜蓿品种。

三、空间诱变对阿尔冈金、德宝、德福和三得利苜蓿同工酶的影响

神舟 3 号飞船搭载的适合甘肃省天水市种植的 4 个高产紫花苜蓿品种。陈本建在结实期，田间剪取各品种矮化植株同龄叶片 1 g，采用聚丙烯酰胺不连续凝胶电泳法，过氧化物同工酶染色用醋酸联苯胺法，将胶板放在日光灯箱上，数码相机拍照。根据过氧化物酶同工酶电泳结果绘制酶谱示意图，依据各单株之间酶带颜色和宽窄差异，将谱带分为四级：一级酶带（色深而宽）；二级酶带（色较深而宽）；三级酶带（色较浅而窄）；四级酶带（色很浅而窄）。酶带颜色和宽窄的变化说明了过氧化物酶同工酶活性和含酶量的差异，深而宽的酶带酶活性高、含酶量高，浅而窄的酶带酶的活性低、含酶量低。计算相对迁移率 Rf（%）=（$X2 / X1$）×100，$X1$ 为前沿指示剂迁移距离，$X2$ 为谱带中心点迁移距离。

德福、德宝单株共检测到 124 条过氧化物同工酶谱带，各个单株有 4~9 条不等的酶带，多数为 5 条。谱带迁移率分析表明，迁移率不同的谱带有 10

条。其迁移率在 11.31%~91.26% 之间，其中在 Rf 为 11.31% 处，各单株都有谱带出现，这是德福和德宝的共有过氧化物酶带。德福和德宝对照条带数不同，德福有 9 条带，德宝只有 5 条带。这说明两个品种酶谱之间存在明显差异。

从酶谱示意图（图 5-2）可以看出，德福品种过氧化物酶同工酶谱有 9 条迁移率不同的谱带。德福单株与其对照（CK A）相比，条带数均少于对照，A1 缺失 6、8、9 号带，4 号带的迁移率小于其他单株；A2 缺失 5、9 号带；A3、A7 条带相似，缺失 4、8、9 带；A4、A5、A6、A8 条带相似，缺失 9 号带。同时，A1~A8 的酶带级别均存在不同程度的差异。

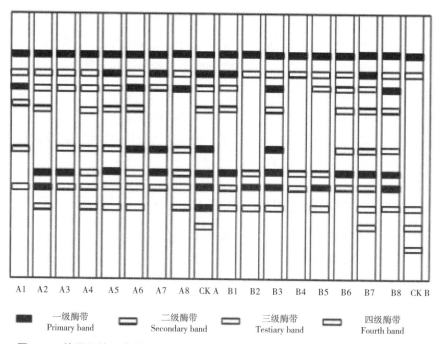

| A1 | A2 | A3 | A4 | A5 | A6 | A7 | A8 | CK A | B1 | B2 | B3 | B4 | B5 | B6 | B7 | B8 | CK B |

| ■■ | 一级酶带 Primary band | ▭ | 二级酶带 Secondary band | ▭ | 三级酶带 Testiary band | ▭ | 四级酶带 Fourth band |

图 5-2　德福和德宝紫花苜蓿品种过氧化物酶同工酶酶谱示意（张文娟，2010）

从酶谱示意图可以看出，德宝品种过氧化物酶同工酶谱有 10 条迁移率不同的谱带，其中 10 号带是 CK B 的特有条带。德宝单株与其对照相比，除 B2、B4 外，其他单株的条带数均多于对照，其中：B1 缺失 9、10 号带，新增 3、4、6、7 带；B2 缺失 9、10 号带，新增了 6、7 带；B3、B8 条带相似，缺失 9、10 号带，新增 3~7 带；B4 缺失 8、9、10 号带，新增 6、7 带；

B5 缺失 9、10 号带，新增 3、6、7 号带；B6 缺失 8、9、10 号带，新增 3~7 号带；B7 缺失 10 号带，新增 3~7 号带；B8 缺失 9、10 号带，缺失 3~7 号带。同时，B1~B8 的酶带级别存在不同差异。

阿尔冈金、三得利试验材料共检测到 115 条 POD 同工酶谱带，各个单株有 5~7 条不等的酶带，多数为 5 条（图 5-3）。其迁移率在 10.42%~75.41% 之间，其中在 Rf 为 17.93% 处，各单株都有谱带出现，这是两个品种的共有 POD 酶带。阿尔冈金和三得利对照都出现 2、3、4、6、7 号带，但三得利有 5 号带出现，另外其 4、6、7 号带的颜色深浅也有差异。这说明两个品种酶谱之间存在明显差异。

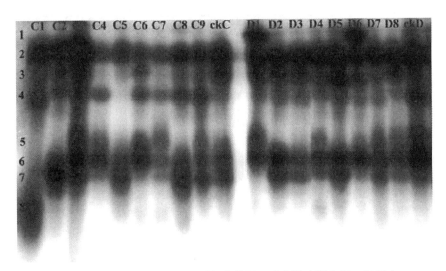

图 5-3　阿尔冈金和三得利过氧化物同工酶电泳（张文娟，2010）

从酶谱示意图可以看出，阿尔冈金品种过氧化物酶同工酶谱有 9 条迁移率不同的谱带。阿尔冈金单株与其对照（CK C）相比，C1 缺失 6、7、8 号带，新增 9、10 号带，9、10 号带是 C1 的特有带，4 号带的迁移率大于其他单株；C2 缺失 6 号带；C3、C7、C9 新增 5 号带；C4 缺失 3、8 号带，新增 5 号带；C5 缺失 4 号带；C6 缺失 8 号带，增加了 5 号带。同时，C1~C9 的酶带级别均存在不同程度的差异（图 5-4）。三得利品种过氧化物酶同工酶谱有 8 条迁移率不同的谱带。各单株的变异主要表现在 1 号带 5 号带和 8 号带有无的差异上。三得利单株与其对照（CK D）相比，D1、D6 条带相似，新增 1 号带，1 号带为 D1、D6 的特有条带；D2、D5 条带相似，缺失 5 号带，新增了 8 号带；

D3、D8 条带相似，缺失 5 号带；D4、D7 新增 8 号带。同时，D1~D8 的酶带级别存在不同差异。

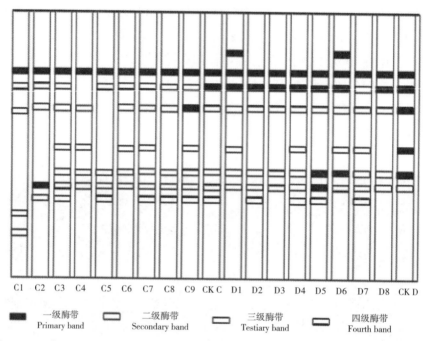

图 5-4　阿尔冈金和三得利紫花苜蓿品种过氧化物酶同工酶酶谱示意（张文娟，2010）

第二节　空间诱变对紫花苜蓿生理特性的影响

植物的一生必然要受外界的物理、化学与生物因素的影响。而外界条件不可能总是对植物生长发育有利，因此研究在不利条件下植物是怎样生存适应，有些什么反应和变化，就成为植物生理学的一个重要组成部分。植物的生理指标包括很多，如可溶性蛋白含量、抗氧化酶活性、游离脯氨酸含量、电导率、丙二醛（MDA）含量等。空间的环境与地面有显著的差异，植物为了适应空间的环境条件就必须通过代谢反应来阻止、降低或者修复由逆境造成的伤害，使其保持正常的生理活动。超氧化物歧化酶（SOD）、过氧化物酶（POD）和过氧化氢酶（CAT）是植物适应多种逆境胁迫的重要酶类，被统称为植物保护酶系统。正常生长条件下，植物存在的抗氧化系统对活性氧的氧化伤害具有相应的抵御和清除能力，体内活性氧产生处于动态平衡，不会引起植物伤害。当植物处于逆境条件下，这种动态平衡遭到破坏，抗氧化系统清除活性氧能力下降，造成活性氧大量积累对细胞造成伤害。植物体内的可溶性蛋白质大多数是参与各种代谢的酶类，测其含量是了解植物体总代谢的一个重要指标。在研究每一种酶的作用时，常以比活（酶活力单位/mg 蛋白）表示酶活力大小及酶制剂纯度。因此，测定植物体内可溶性蛋白质是研究酶活的一个重要项目。植物器官衰老或在逆境下遭受伤害，往往发生膜脂过氧化作用，MDA 是膜脂过氧化的最终分解产物，从膜上产生的位置释放出后，与蛋白质、核酸起反应修饰其特征；使纤维素分子间的桥键松弛，或抑制蛋白质的合成。MDA 的积累可能对膜和细胞造成一定的伤害。

空间搭载的番茄种子萌动 9d 后，幼苗体内 POD、SOD 和 GSH-Px 活性显著高于地面对照，而活性氧和 MDA 含量则显著低于对照，实验表明空间搭载可以提高番茄种子活力、促进初期生长、提高种子及幼苗体内抗氧化系统的活性、延缓种子衰老。棉花经空间诱变后，当代的 SOD、POD、CAT 等抗氧化酶活性显著变化，同时，三者对空间环境的敏感性存在一定差异。空间飞行后的烤烟在苗期变异株的 CAT、POD 和 SOD 活性显著高于地面对照，出现部分变异株的三种抗氧化酶活性显著高于地面对照，该结果说明空间诱变可以在一定程度上提高烤烟苗期的活性及抗逆能力；变异株在大田生育期均表现出相当高的 POD、SOD 和 CAT 活性，显著或极显著高于对照品种，其生育期的 3 种抗氧化酶活性呈现先升高后逐渐下降的趋势，CAT 和 SOD 活性在移栽后 60 d 和 75 d 表现出高活性，POD 活性则在移栽 45 d 表现出高活性。采用高空气球搭载的孢子果品系体内多酚氧化酶活性提高。卫星搭载的石刁柏种子幼苗脯氨酸含量高于对照 33%。另外，研究表明，经空间搭载后，植株的抗氧化活性物质维生素 C、黄酮类化合物含量显著增加；细胞内可溶性蛋白质浓度增加，亮氨酸和可溶性糖含量增加，单宁降低，幼苗乙烯释放量低。

一、空间诱变对中苜 1 号紫花苜蓿生理特性的影响

供试材料为搭载"实践八号"育种卫星的紫花苜蓿"中苜一号"种子。马学敏等于 2008 年 5 月将两份种子在实验室中发芽，6 月移栽到中国农业大学上庄试验站。不同水分含量各水平均设 4 个重复，共 40 个小区。小区面积约为 10 m²，株行距为 40cm × 40cm。于 2010 年 4 月底至 7 月初，以当代

（SP1）第3年龄植株为试验对象，在紫花苜蓿各个生育期即分枝期、开花期、结荚期和成熟期取植株中上部叶片作为试验材料，测定叶片超氧化物歧化酶、过氧化氢酶、过氧化物酶活性、丙二醛含量、可溶性糖含量和蛋白质含量。

卫星搭载后的不同含水量紫花苜蓿种子植株叶片可溶性糖含量变化见表5-1。9% 含水量的种子卫星搭载后植株叶片可溶性糖含量在分枝期、开花期、结荚期和成熟期呈高－低－高－低的变化，相应对照的变化趋势为高－低－高－高。其含量相对于对照在分枝期和成熟期较少，在结荚期较多。含水量11%~17% 的种子卫星搭载后植株叶片可溶性糖含量在分枝期、开花期、结荚期和成熟期呈高－低－高－低的变化，与对照变化相同。分枝期对照组之间，随着种子含水量的增加，卫星搭载后植株叶片可溶性糖含量呈高－低－高－高的变化，其中，11% 含水量可溶性糖含量最低。分枝期卫星搭载组之间，随着种子含水量的增加，卫星搭载后植株叶片可溶性糖含量呈高－低－低－高－低的变化，其中，13% 含水量可溶性糖含量最低。开花期，对照组之间，随着种子含水量的增加，卫星搭载后植株叶片可溶性糖含量呈高－低－高－低的变化，其中，11% 含水量可溶性糖含量最低；卫星搭载组之间，随着种子含水量的增加，卫星搭载后植株叶片可溶性糖含量呈高－低－高－低－高的变化，其中，15% 含水量可溶性糖含量最低。结荚期，对照组之间，随着种子含水量的增加，卫星搭载后植株叶片可溶性糖含量呈低－高－低－低－高的变化，其中，11% 含水量可溶性糖含量最高；卫星搭载组之间，随着种子含水量的增加，卫星搭载后植株叶片可溶性糖含量呈低－高－低－低－低的变化，其中，17% 含水量可溶性糖含量最低。成熟期，对照组之间，随着种子含水量的增加，卫星搭载后植株叶片可溶性糖含量呈高－低－高－高－低的变化，其中，11% 含水量可溶性糖含量最低；卫星搭载组之间，随着种子含水量的增加，卫星搭载后植株叶片可溶性糖含量呈高－低－高－低－高的变化，其中，15% 含水量可溶性糖含量最高。

表5-1　不同含水量紫花苜蓿种子卫星搭载后植株叶片可溶性糖含量的变化

生育期	处理	含水量（%）				
		9	11	13	15	17
分枝期	CK	0.026 8	0.019 4	0.021 1	0.023 8	0.024 4
	SP	0.024 0	0.023 3	0.017 7	0.024 1	0.024 0

（续表）

生育期	处理	含水量（%）				
		9	11	13	15	17
开花期	CK	0.016 0	0.013 3	0.018 2	0.016 2*	0.016 2
	SP	0.016 7	0.016 5	0.016 7	0.012 5	0.017 3
结荚期	CK	0.018 1	0.023 8	0.020 9	0.020 7	0.022 4
	SP	0.024 7	0.026 0	0.023 3	0.022 3	0.020 8
成熟期	CK	0.020 8	0.018 0	0.018 3	0.018 1	0.079 0
	SP	0.018 0	0.015 9	0.016 7	0.022 0	0.019 5

注：* 表示同一指标相同含水量的地面对照和卫星搭载间差异显著（P<0.05），下同
引自马学敏，2011

　　卫星搭载后的不同含水量紫花苜蓿种子植株叶片蛋白质变化见表5-2。9% 含水量的种子卫星搭载后植株叶片蛋白质含量在分枝期、开花期、结荚期和成熟期呈高 - 低 - 高 - 低的趋势，相应对照的变化趋势为高 - 低 - 高 - 高。含水量 11%~17% 的种子卫星搭载后植株叶片蛋白质含量在分枝期、开花期、结荚期和成熟期呈高 - 低 - 高 - 低的变化，与对照变化相同。分枝期对照组之间，随着种子含水量的增加，卫星搭载后植株叶片蛋白质含量呈低 - 高 - 低 - 高 - 低的变化，其中 15% 含水量可溶性糖含量最高。分枝期卫星搭载组之间，随着种子含水量的增加，卫星搭载后植株叶片蛋白质含量呈逐渐降低的变化趋势，其中 9% 含水量蛋白质含量最高。开花期，对照组之间，随着种子含水量的增加，卫星搭载后植株叶片蛋白质含量呈高 - 低 - 高 - 低 - 高的变化，其中 17% 含水量蛋白质含量最高；卫星搭载组之间，随着种子含水量的增加，卫星搭载后植株叶片蛋白质含量呈高 - 低 - 低 - 低 - 高的变化，其中 15% 含水量蛋白质含量最低。结荚期，对照组之间，随着种子含水量的增加，卫星搭载后植株叶片蛋白质含量呈低 - 高 - 低 - 高 - 低的变化，其中 15% 含水量蛋白质含量最高；卫星搭载组之间，随着种子含水量的增加，卫星搭载后植株叶片可溶性糖含量呈低 - 高 - 低 - 高 - 低的变化，其中 17% 含水量蛋白质含量最低。成熟期，对照组之间，随着种子含水量的增加，卫星搭载后植株叶片蛋白质含量呈高 - 低 - 高 - 低的变化，其中 11% 含水量蛋白质含量最低；卫星搭载组之间，随着种子含水量的增加，卫星搭载后植株叶片可溶性糖含量呈低 - 高 - 高 - 低的变化，其中 15%、17% 含水量蛋白质含量最低。

表 5-2 不同含水量紫花苜蓿种子卫星搭载后植株叶片蛋白质含量的变化

生育期	处理	含水量（%）				
		9	11	13	15	17
分枝期	CK	20.93	21.00	20.74	21.12	20.90
	SP	20.59	20.32	20.32	20.09	19.62
开花期	CK	13.47	12.53	13.77	13.03	15.32
	SP	14.51	14.34	12.73	11.33	15.58
结荚期	CK	18.70	21.37	20.57	21.58	21.49
	SP	20.93	21.97	20.69	21.02	19.36
成熟期	CK	19.63	18.97	19.27	19.15	19.15
	SP	19.25	19.27	19.36	18.92	18.92

引自马学敏，2011

卫星搭载后的不同含水量紫花苜蓿种子植株叶片 CAT 活性变化见表 5-3。9% 含水量的种子卫星搭载后植株叶片 CAT 活性在分枝期、开花期、结荚期和成熟期呈低 - 高 - 低 - 低的趋势。含水量 11% 的种子卫星搭载后植株叶片 CAT 活性在不同生育期呈高 - 低 - 高 - 低的趋势，与对照相同。含水量 13% 的种子卫星搭载后植株叶片 CAT 活性在不同生育期呈高 - 低 - 高 - 低的趋势，与对照相同。含水量 15% 的种子卫星搭载后植株叶片 CAT 活性在不同生育期呈高 - 低 - 低 - 高的趋势，对照变化为低 - 高 - 低 - 高。含水量 17% 的种子卫星搭载后植株叶片 CAT 活性在不同生育期呈高 - 低 - 低的趋势，对照变化为高 - 低 - 高 - 高。分枝期对照组之间，随着种子含水量的增加，卫星搭载后植株叶片 CAT 活性呈高 - 低 - 高 - 低 - 高的变化。分枝期卫星搭载组之间，随着种子含水量的增加，卫星搭载后植株叶片 CAT 活性呈高 - 低 - 高 - 低 - 低的变化趋势，其中 13% 含水量 CAT 活性最高。开花期，对照组之间，随着种子含水量的增加，卫星搭载后植株 CAT 活性含量呈高 - 低 - 高 - 低 - 低的变化；卫星搭载组之间，CAT 的活性随水分的变化同地面对照组相同，17% 含水量 CAT 活性最低。结荚期，对照组之间，随着种子含水量的增加，卫星搭载后植株叶片 CAT 活性呈倒 "U" 形变化，其中 13% 含水量 CAT 活性最高；卫星搭载组之间，CAT 活性随着种子含水量的变化与地面对照组相同。成熟期，对照组之间，随着种子含水量的增加，卫星搭载后植株叶片 CAT 活性呈高 - 低 - 高 - 低 - 低的变化，其中 13% 含水量 CAT 活性最高；卫星搭载组之间，CAT 活性随着种子含水量的增加呈倒 "U" 形变化。

表 5-3　不同含水量紫花苜蓿种子卫星搭载后植株叶片 CAT 活性的变化

含水量（%）	处理	生育期			
		分枝期	开花期	结荚期	成熟期
9	CK	98.13	111.25	67.50	52.50
	SP	127.92*	771.50	78.75	62.50
11	CK	86.25	65.00	81.25	45.00
	SP	112.50*	90.00*	106.88*	97.50*
13	CK	89.38	75.00	102.08	76.25
	SP	182.50*	97.50*	114.17	107.50*
15	CK	37.50	67.50	57.50	60.00
	SP	136.67*	93.85*	76.25*	95.00*
17	CK	40.00	20.00	23.75	36.25
	SP	96.25*	76.25*	76.25*	67.50

引自马学敏，2011

卫星搭载后的不同含水量紫花苜蓿种子植株叶片 SOD 活性变化见表 5-4。9% 含水量的种子卫星搭载后植株叶片 SOD 活性在分枝期、开花期、结荚期和成熟期呈低 - 高 - 高 - 低的趋势。含水量 11% 的种子卫星搭载后植株叶片 SOD 活性在不同生育期呈的趋势为低 - 高 - 低 - 低，与对照相同。含水量 13% 的种子卫星搭载后植株叶片 SOD 活性在不同生育期呈低 - 高 - 低 - 低的趋势，与对照相同。含水量 15% 的种子卫星搭载后植株叶片 SOD 活性在不同生育期呈低 - 高 - 低 - 高的趋势，与对照相同。含水量 17% 的种子卫星搭载后植株叶片 SOD 活性在不同生育期呈低 - 高 - 低 - 低的趋势，与对照相同。分枝期对照组之间，随着种子含水量的增加，卫星搭载后植株叶片 SOD 活性呈 "U" 形的变化。分枝期卫星搭载组之间，随着种子含水量的增加，卫星搭载后植株叶片 SOD 活性呈倒 "U" 形变化趋势。开花期，对照组之间，随着种子含水量的增加，卫星搭载后植株 SOD 活性含量呈低 - 高 - 低 - 高 - 高的变化，种子含水量 13% 的 SOD 活性最低；卫星搭载组之间，SOD 的活性随水分的变化呈倒 U 形。结荚期，对照组之间，随着种子含水量的增加，卫星搭载后植株叶片 SOD 活性呈低 - 高 - 低 - 低 - 高的变化，其中 15% 含水量 SOD 活性最低；卫星搭载组之间，SOD 活性随着种子含水量的变化与地面对照组相同。成熟期，对照组之间，随着种子含水量的增加，卫星搭载后植株叶片 SOD 活性呈 U 形变化，其中 15% 含水量 SOD 活性最低；卫星搭载组之间，

SOD 活性随着种子含水量变化与地面对照组相同。

表5-4　不同含水量紫花苜蓿种子卫星搭载后植株叶片 SOD 活性的变化

含水量（％）	处理	生育期			
		分枝期	开花期	结荚期	成熟期
9	CK	53.73	77.79	72.42	53.22
	SP	56.72	85.74	93.40*	69.23
11	CK	46.77	87.47	78.40	35.90
	SP	75.52*	101.41	101.02*	48.21
13	CK	11.64	61.88	57.87	53.50
	SP	78.21*	111.67*	65.31	54.70
15	CK	9.25	85.05	41.96	75.90
	SP	77.31*	108.56*	41.29	79.66
17	CK	40.30	94.73	69.49	60.17
	SP	56.72*	97.84	88.32*	59.83

引自马学敏，2011

　　卫星搭载后的不同含水量紫花苜蓿种子植株叶片 POD 活性变化见表5-5。9% 含水量的种子卫星搭载后植株叶片 POD 活性在分枝期、开花期、结荚期和成熟期呈倒"U"形变化，对照组的变化与其相同。含水量 11% 的种子卫星搭载后植株叶片 POD 活性在不同生育期呈倒"U"形变化，对照组的变化与其相同。含水量 13% 的种子卫星搭载后植株叶片 POD 活性在不同生育期呈低－高－低－低的趋势。含水量 15% 的种子卫星搭载后植株叶片 POD 活性在不同生育期呈倒"U"形变化，对照组的变化与其相同。含水量 17% 的种子卫星搭载后植株叶片 POD 活性在不同生育期呈倒"U"形变化，对照组的变化与其相同。分枝期对照组之间，随着种子含水量的增加，卫星搭载后植株叶片 POD 活性呈高－低－低－高－高的变化。分枝期卫星搭载组之间，随着种子含水量的增加，卫星搭载后植株叶片 POD 活性呈高－低－高－低－高变化趋势。开花期，对照组之间，随着种子含水量的增加，卫星搭载后植株 POD 活性含量呈低－高－低－高－低的变化，种子含水量 13% 的 POD 活性最低；卫星搭载组之间，POD 的活性随水分变化与对照组相同，且各水分含量间活性的变化差异不大。结荚期，对照组之间，随着种子含水量的增加，卫星搭载后植株叶片 POD 活性呈高－低－高－低－低的变化，其中 17% 含水量 POD 活性最低；卫星搭载组之间，POD 活性随着种子含水量的变化呈现低－高－

高－低－低的变化；其中 13% 含水量 POD 活性最高。成熟期，对照组之间，随着种子含水量的增加，卫星搭载后植株叶片 POD 活性呈现低－高－低－高－低的变化；其中 13% 含水量 POD 活性最低；卫星搭载组之间，POD 活性随着种子含水量变化呈现高－低－低－高－低的变化；其中 13% 含水量 POD 活性最低。

卫星搭载后的不同含水量紫花苜蓿种子植株叶片 MDA 含量变化见表 5-6。9%~17% 含水量的种子卫星搭载后植株叶片 MDA 含量在分枝期、开花期、结荚期和成熟期呈高－低－高－低变化，对照组的变化与其相同。分枝期对照组之间，随着种子含水量的增加，植株叶片 MDA 含量呈低－高－高－高－低的变化，种子含水量 13% 植株 MDA 含量最高；分枝期卫星搭载组之间，随着种子含水量的增加，卫星搭载后植株叶片 MDA 含量呈低－高－低－高－低变化趋势，含水量 13% 植株 MDA 含量最高。开花期，对照组之间，随着种子含水量的增加，卫星搭载后植株 MDA 含量含量呈低－高－低－高－高的变化，种子含水量 13%MDA 含量最低；卫星搭载组之间，MDA 含量活性随水分变化呈现低－高－低－低－高，种子含水量 15% 的植株叶片 MDA 含量最低。结荚期，对照组之间，随着种子含水量的增加，卫星搭载后植株叶片 MDA 含量呈低－高－高－低－高的变化，其中 17% 含水量 MDA 含量最高；卫星搭载组之间，MDA 含量随着种子含水量的变化呈现低－高－低－高－低的变化；其中 17% 含水量 MDA 含量最低。成熟期，对照组之间，随着种子含水量的增加，卫星搭载后植株叶片 MDA 含量呈现高－低－高－低－低的变化；其中 17% 含水量 MDA 含量最低；卫星搭载组之间，MDA 含量随着种子含水量变化呈现高－低－高－低－高的变化；其中 11% 含水量 MDA 含量最低。

表 5-5 不同含水量紫花苜蓿种子卫星搭载后植株叶片 POD 活性的变化

含水量（%）	处理	生育期			
		分枝期	开花期	结荚期	成熟期
9	CK	1 746.67	5 575.56	4 940.00	1 506.67
	SP	2 537.78*	6 173.33	5 000.00	3 113.33*
11	CK	1 635.56	6 006.67	4 873.33	2 186.67
	SP	2 053.33*	6 233.33	5 777.78*	2 386.67
13	CK	1 486.67	5 293.33	5 477.78	1 377.78
	SP	3 755.56*	6 146.67*	5 846.67	1 913.33*

（续表）

含水量（%）	处理	生育期			
		分枝期	开花期	结荚期	成熟期
15	CK	1 993.33	5 962.22	5 366.67	2 520.00
	SP	3 086.67*	6 253.33	5 580.00	2 620.00
17	CK	2 113.33	5 886.67	4 464.44	2 037.78
	SP	3 860.00*	5 633.33	5 286.67*	2 344.44

引自马学敏，2011

表 5-6　不同含水量紫花苜蓿种子卫星搭载后植株叶片 MDA 含量的变化

含水量（%）	处理	生育期			
		分枝期	开花期	结荚期	成熟期
9	CK	75.77	13.32	90.40	79.05
	SP	74.12	10.37	95.95	63.96
11	CK	78.34	15.70	108.51	66.97
	SP	76.37	12.57	107.05	61.01
13	CK	87.40	10.42	124.44	69.03
	SP	51.96*	9.57	95.65*	67.74
15	CK	85.61	12.82	120.89	62.01
	SP	64.15*	9.46	113.78	62.41
17	CK	79.41	14.95	149.49	61.96
	SP	69.99	12.38	94.60*	67.68

引自马学敏，2011

　　不同种子含水量的紫花苜蓿卫星搭载与地面对照组植株 MDA 含量与 3 种保护酶的相关性为 11% 含水量的空间诱变和地面对照组、13% 种子含水量的地面对照组和 17% 含水量空间诱变组的 MDA 含量与 CAT 活性呈正相关外，其他各处理的 CAT 活性与 MDA 含量均呈现负相关关系。各水分处理的种子卫星搭载组与地面对照组的 MDA 含量与 POD 以及 SOD 活性均呈负相关性。但是均无显著相关，表明 MDA 含量多少与抗氧化酶活性的增加并无必然的联系。

　　在正常的生理条件下，植物体内的活性氧自由基的产生和自身的抗氧化系统（SOD、CAT、POD）对活性氧的清除是动态平衡的，可以保持体内正常的代谢过程。酶活性高，说明植物受伤害的程度轻，是对植物的保护反应。MDA 是植物在受到伤害时细胞膜发生膜脂过氧化作用而形成的最终分解产物。MDA 含量的多少，代表着植物细胞遭受逆境伤害的程度和膜脂过氧化程度。

本研究得出，地面对照组植株的保护酶活性及 MDA 含量在水分的影响下呈负效应，降低了植物的抗氧化能力。在空间诱变条件下，搭载种子植株的 SOD、CAT、POD 活性增强，MDA 含量降低，说明卫星搭载后紫花苜蓿的抗氧化能力提高。另外，在本研究中，空间环境下不同含水量种子的植株所产生的诱变效应并不一致，这可能与空间的复杂环境相关。试验结果表明，SOD 在 11%、13% 和 15% 处理时诱变效应增强；CAT 在 13% 的处理效应最强；POD 则在 13% 和 17% 的处理下诱变效应最大；MDA 的诱变效应在 13% 和 15% 下最强，且 MDA 含量的变化与保护酶活性的变化相一致。这说明植物种子较高水分含量可以促进空间诱变效应的强度，但种子水分过高时诱变效应又会减弱。以上说明种子含水量对空间诱变效应有一定的影响，可能是因为种子含水量改变了种子的生理状态，使其处于休眠向萌动过渡时期，增加了空间诱变敏感性。但其机理目前尚不明确，还有待进一步的研究。

二、空间诱变对实践八号搭载 8 个品种苜蓿生理特性的影响

"实践八号"育种卫星同时搭载了 WL232、WL323HQ、BeZa87、Pleven6、龙牧 801、龙牧 803、肇东和草原 1 号 8 个品种的苜蓿种子。徐香玲等在室内盆种 8 个对照及其诱变的苜蓿品种，每个品种剪取幼嫩叶片若干。采用愈创木酚比色法测定苜蓿幼苗过氧化物酶活性；氮蓝四唑（NBT）法测定苜蓿幼苗 SOD 活性；考马斯亮蓝（G-250）法测定苜蓿幼苗可溶性蛋白含量。

不良环境诱发植物体产生自由基，这对植物细胞膜有所伤害，但在长期进化过程中，植物体自身产生一种抗氧化防御系统（膜保护酶系统）来清除产生的自由基，维持体内的自由基平衡，减轻有毒物质对细胞的伤害，POD 就是此系统的主要成员之一。POD 可有效地清除逆境胁迫下植物体产生的过氧化产物，维持质膜透性及自由基之间的动态平衡，保证植物进行正常的新陈代谢。POD 的变化比 SOD 和 CAT 复杂，不同作者以不同的材料研究，其变化模式不同。实践八号搭载 8 个品种苜蓿幼苗 POD 活性的影响由表 5-7 可以看出。经"实践八号"搭载的 WL232、WL323HQ、BeZa87、Pleven6、龙牧 801、龙牧 803、肇东和草原 1 号苜蓿 8 个苜蓿品种的 POD 活性都较对照有所提高。表明空间诱变后，苜蓿体内的抗氧化防御系统启动，活性增加。苜蓿体内 POD 的活性增加，是苜蓿对空间环境的一种响应。

表5-7　太空诱变处理后8个苜蓿品种 POD 活性的变化

品种	地面对照 × 10^4 U/（g·min）	卫星搭载 × 10^4 U/（g·min）	辐射生物损伤 （％）
WL232	5.27	5.687	7.91
WL323HQ	6.12	6.7	9.48
BeZa87	5.46	5.686	3.57
Pleven6	5.622	6.135	9.12
龙牧 801	5.492	5.583	1.66
龙牧 803	5.027	5.475	8.91
肇东	5.156	5.476	6.21
草原 1 号	5.619	5.774	2.76

引自杜连莹，2010

国外的 4 个品种苜蓿，除 BeZa87 外，POD 活性增加的幅度都比较大，而国内的 4 个品种苜蓿，除了龙牧 803 外，其余的 3 个品种增加的幅度小于国外的 3 个品种。综合比较国内外的 8 个品种，经过空间搭载后 8 个苜蓿品种的 POD 活性增加的幅度不同。POD 活性增加幅度顺序是：龙牧 801< 草原 1 号<BeZa87< 肇东 <WL232< 龙牧 803<Pleven6<WL323HQ。WL323HQ 增加幅度最大，龙牧 801 增加的幅度最小，但均较对照有所提高，可见 8 个品种苜蓿都是通过增加 CAT 的活性来抵抗逆境的伤害的。

SOD 广泛存在于植物细胞中，几乎是所有植物抗氧化防御机制中不可或缺的蛋白成分，与细胞的抗氧化能力极其相关。SOD 对于清除氧自由基，防止氧自由基破坏细胞的组成、结构和功能，保护细胞免受氧化损伤具有十分重要的作用。各种逆境条件如干旱、高盐、低温、水淹或重金属等胁迫对植物的影响包括渗透胁迫、离子胁迫及其引起的一系列次级胁迫如氧化胁迫等，严重干扰植物体内已存在的细胞及整株水平上的水分及离子稳态，造成植物细胞分子损伤，生长延滞甚至死亡。"实践八号"搭载 8 个品种苜蓿幼苗 SOD 活性的影响由表 5-8 可以看出。经"实践八号"搭载的 WL232、WL323HQ、BeZa87、Pleven6、龙牧 801、龙牧 803、肇东苜蓿和草原 1 号 8 个苜蓿品种的 POD 活性都较对照有所降低。表明空间诱变对苜蓿种子 SOD 活性有明显的抑制作用。航天诱变后 8 个品种苜蓿的 SOD 活性明显的低于对照组，而 POD 活性却高于对照组，可见两种酶对逆境有着不同的适应机制。

表 5-8　太空诱变处理后 8 个苜蓿品种 SOD 活性的变化

品种	地面对照 $\times 10^2$ 酶活单位 /g	卫星搭载 $\times 10^2$ 酶活单位 /g	辐射生物损伤 （ % ）
WL232	1.989	1.842	-7.39
WL323HQ	1.619	1.574	-2.78
BeZa87	1.734	1.527	-11.94
Pleven6	1.916	1.793	-6.42
龙牧 801	1.687	1.58	-6.34
龙牧 803	1.762	1.691	-4.03
肇东	1.913	1.837	-3.97
草原 1 号	2.125	1.86	-12.47

引自杜连莹，2010

国外的 4 个品种苜蓿，除 WL323HQ 外，SOD 活性降低的幅度都较大，而国内的 4 个品种苜蓿，除了草原 1 号外，其余的 3 个品种降低的幅度均小于国外的 3 个品种，草原 1 号是经"实践八号"搭载的 8 个品种苜蓿中 SOD 活性降低幅度最大的。综合比较国内外的 8 个品种苜蓿，空间诱变后，8 个品种苜蓿的 SOD 活性都呈下降趋势。SOD 活性降低大小顺序为 WL323HQ< 肇东 < 龙牧 803< 龙牧 801<Pleven6<WL232<BeZa87< 草原 1 号。经过空间搭载后，8 个苜蓿品种的 SOD 活性减少的幅度不同。草原 1 号、BeZa87、WL232、Pleven6、龙牧 801 减少的幅度都较大，WL323HQ 减少的幅度比较小，但是 SOD 活性都比对照有所降低，可见航天搭载后 8 个品种苜蓿的 SOD 活性均受到抑制。

蛋白质是细胞结构中最重要的成分，植物体内可溶性蛋白质含量与抗病性有一定的关系。"实践八号"搭载 8 个品种苜蓿幼苗可溶性蛋白含量的影响如表 5-9 所示。经"实践八号"搭载的 8 个苜蓿品种的可溶性蛋白的含量较对照组有所增加。这可能是因为受到空间环境影响，可溶性蛋白含量增加有利于提高自身细胞渗透调节能力，表现出抗逆性的生理特点；也可能是苜蓿在空间环境条件下产生的与苜蓿抗逆性有关特异逆境蛋白，这有待于进一步研究。总之，可溶性蛋白含量有利于增强苜蓿的抗逆性。8 个品种苜蓿可溶性蛋白含量增加的顺序为龙牧 803<WL323HQ< 草原 1 号 <WL232< 肇东 <Pleven6<BeZa87< 龙牧 801。

表5-9　太空诱变处理后8个苜蓿品种可溶性蛋白含量的变化

品种	地面对照 $\times 10^6$ mg/g	卫星搭载 $\times 10^6$ mg/g	辐射生物损伤 （%）
WL232	1.285 59	1.388 64	8.02
WL323HQ	1.470 02	1.558 19	6.00
BeZa87	1.607 84	1.859 25	15.64
Pleven6	1.155 85	1.324 94	14.63
龙牧 801	1.352 92	1.584 54	17.12
龙牧 803	1.352 69	1.399 18	3.44
肇东	1.259 36	1.431 14	13.64
草原 1 号	1.457 84	1.569 78	7.68

引自杜连莹，2010

第三节　空间诱变对紫花苜蓿呼吸和光合特性的影响

呼吸作用（Respiration）是生物体内的有机物在细胞内经过一系列的氧化分解，最终生成二氧化碳、水或其他产物，并且释放出能量的总过程，是生物体在细胞内将有机物氧化分解并产生能量的化学过程，是所有动物和植物都具有的一项生命活动。生物的生命活动都需要消耗能量，这些能量来自生物体内糖类、脂类和 ATP 等，具有十分重要的意义。

光合作用（Photosynthesis），即光能合成作用，是指含有叶绿体绿色植物，在可见光的照射下，经过光反应和碳反应（旧称暗反应），利用光合色素，将二氧化碳（或硫化氢）和水转化为有机物，并释放出氧气（或氢气）的生化过程。同时也有将光能转变为有机物中化学能的能量转化过程。这个过程的关键参与者是内部的叶绿体。叶绿体在阳光的作用下，把经由气孔进入叶子内部的二氧化碳和由根部吸收的水转变成为淀粉等物质，同时释放氧气。光反应场所是叶绿体的类囊体薄膜。全部叶绿素和几乎所有的类胡萝卜素都包埋在类囊体膜中，与蛋白质以非共价键结合，一条肽链上可以结合若干色素分子，各色素分子间的距离和取向固定，有利于能量传递。类胡萝卜素与叶黄素能对叶绿素a、叶绿素 b 起一定的保护作用。几类色素的吸收光谱不同，叶绿素 a、叶绿素 b 吸收红、橙、蓝、紫光，类胡萝卜素吸收蓝紫光，吸收率最低的为绿光。

呼吸作用和光合作用在植物体内是相互联系、互相制约的。大量研究表明，空间飞行对色素的合成、色素与蛋白质的结合以及光能的转化有影响。小麦经过空间搭载后，与地面对照相比，在限定光强条件下，氧气的释放量受影响不显著。另外，在微重力条件下植物叶的光补偿点提高了33%左右。小麦SP$_3$代叶片变化有利于光合作用，例如叶片变窄、变厚，叶色变深等。经空间飞行的黄瓜种子1代、2代植株叶片叶绿素含量高，但叶绿素a/b明显低于对照，表明空间诱变可使光系统II活性下降。空间诱变的石刁柏干种子叶绿素a含量、叶绿素a/b降低，但叶绿素吸收光谱变化不显著，表明空间诱变引起的光合特性改变是植株对胁迫环境的适应，而非遗传性。高空气球搭载谷子干种子后，SP$_4$代大穗株系的叶绿素含量和光合特性差异显著，与对照相比，其生长的前期和后期叶绿素含量和光合速率显著提高。卫星搭载的水稻种子返地后的SP$_2$代叶绿素出现缺失突变，表现出白化、黄化和浅绿3种类型。其中，白化突变有至死突变、完全白化和叶缘白化可存活突变；黄化均为致死突变；浅绿突变为全生育期稳定表达的存活突变。草地早熟禾经过太空飞行后，各突变株系的光补偿点、近光饱和点和表观量子效率均降低；PM2株系叶绿素a和叶绿素b含量显著增加，叶绿素a/b显著降低；PM1和PM3株系叶绿素a、叶绿素b含量和叶绿素a/b差异不显著，这可能是由于光合特性发生了变化，从而影响了光能的利用率或对不同光质的利用率。

一、空间诱变对中苜1号紫花苜蓿呼吸和光合特性的影响

叶绿体是光合作用的完整单位，而叶绿素是叶绿体的主要色素，它与光合作用关系密切，具有极强的吸收光的能力，在光合作用中以电子传递及共振的方式参与能量的传递反应。空间飞行条件尤其是微重力对植物的叶片叶绿素含量及光合系统有显著影响。

刘荣堂等将精选后的紫花苜蓿"中苜1号"品种种子分为两份：一份作为地面对照（CK），另一份用于卫星搭载。搭载前对种子进行水分预处理，分别调为9%（自然含水量）、11%、13%、15%和17%。将处理后的种子封入布袋，搭载"实践八号"育种卫星。2007年8月24日取样，取样标准为：植株中部向阳面成熟叶片0.2 g。80%丙酮+95%乙醇20 mL水浴50℃避光浸提24 h，立即用722型分光光度计，测定叶绿素含量。2007年7月24日用美国CID公司生产的CI-310便携式光合作用分析仪在开路系统下测定各植株瞬时净光合速率、蒸腾速率以及光合有效辐射。测定标准为：每一处理测定2株，每一植株分别测定上、中、下部向阳面成熟叶片。叶室为12cm×12cm×25cm。

在晴天进行，测定光能利用效率和水分利用效率。

种子卫星搭载含水量对叶片叶绿素含量的影响。地面对照种子的各水分含量间差异不显著，叶绿素 a、叶绿素 b、叶绿素总量均以 15% 和 17% 含水量为最低。搭载处理对叶绿素 a、叶绿素 b、叶绿素总量有影响，随种子含水量的增加，各项指标呈现减少趋势（表 5-10）。9%、11% 搭载组叶片叶绿素 a、叶绿素 b、叶绿素总量地面组差异显著，表现出负向变异，即地面组高于搭载组；水分含量为 13% 的组别，其叶绿素 a 和叶绿素总量在搭载组与地面组差异性显著（$P<0.05$），表现为正向变异；15% 组仅叶绿素 b 含量搭载组高于地面组，而叶绿素 a、叶绿素总量二者间差异不显著（$P>0.05$）；17% 组搭载组叶绿素总量显著高于对照（$P<0.05$）；结果表明：卫星搭载对含水量 9% 和 11% 组有一定抑制作用；而对含水量 13%、15% 和 17% 组有一定促进作用。

种子卫星搭载含水量对光合特性的影响。净光合效率、蒸腾速率、光合有效辐射是植株光合性能的主要指标。结果表明，水分含量为 9% 和 11% 的组别搭载组净光合效率及光合有效辐射明显高于地面组，蒸腾速率二者差异性不显著（$P<0.05$，表 5-11）；13%~17% 组净光合效率和光合有效辐射搭载组明显高于对照组（$P<0.05$）；15% 和 17% 组蒸腾速率搭载组显著高于对照，二者差异显著（$P<0.05$）。

水分利用效率用于描述植物物质生产与水分消耗的关系，并在一定程度上衡量或评价植物对环境水分状况变化的适应能力和能量转换效率；由表 5-11 可知，水分利用效率搭载组以 13% 组最高，呈先减少再增加的趋势，对照组表现出相同的变化趋势，但 17% 组表现出特异值，这与其蒸腾速率偏低有关；光能利用率对照与搭载组间各个水分含量水平均未表现出差异性（$P>0.05$）。

表 5-10 种子卫星搭载含水量对叶绿素 a、叶绿素 b、叶绿素总量的影响（mg/g 鲜重）

项目	处理	含水量				
		9%	11%	13%	15%	17%
叶绿素 a	CK	1.207 5	1.237 2	1.132 3	1.020 1	0.970 4
	SP	0.925 8	1.039 9	1.174 1	1.088 1	1.052 2
叶绿素 b	CK	0.441 7	0.423	0.378 1	0.329 9	0.386 9
	SP	0.353 0	0.387 6	0.416 2	0.394 6	0.402 0
叶绿素总量	CK	1.649 3	1.660 1	1.510 4	1.350 7	1.339 3
	SP	1.278 9	1.427 5	1.590 2	1.482 7	1.454 3

引自冯鹏，2008

表 5-11　种子卫星搭载含水量对光合特性的影响

项目	处理	含水量				
		9%	11%	13%	15%	17%
净光合效率	CK	24.381	20.714	28.275	23.206	19.970
	SP	22.555	21.111	30.964	25.571	20.011
蒸腾速率	CK	8.381 4	7.601	9.208	8.915	6.333
	SP	8.404	8.035	9.198	9.355	6.722
光合有效辐射	CK	1 160.682	927.564	1 298.500	988.815	1 085.738
	SP	1 043.028	1 058.624	1 303.570	996.465	1 646.811
光能利用率	CK	0.021	0.020	0.021	0.023	0.018
	SP	0.022	0.019	0.023	0.027	0.012
水分利用率	CK	2.909	2.725	3.070	2.602	3.153
	SP	2.683	2.627	3.366	2.733	2.976

引自冯鹏，2008

　　叶片叶绿素含量高低是反映其光合能力的重要指标之一。大量研究表明，叶片叶绿素含量与其净光合强度呈显著正相关。叶绿素作为光合色素中重要的色素分子，参与光合作用光能的吸收、传递与转换，在光合作用中占有重要地位。有许多研究表明，环境因子胁迫导致叶绿素含量减少，抗性强的作物叶绿素含量减少幅度较小。试验发现，空间搭载水分含量不同的紫花苜蓿种子，其栽培成株后叶片叶绿素含量各不相同。搭载种子，低水分含量组和高水分含量组在空间诱变处理下表现出不同的变异方向和变异幅度，同时体现出一定的规律性，即 13%、15% 组出现单峰变化。

　　牧草光合作用的实现依赖于叶绿素对光能的吸收。光合速率增加或减弱，主要与叶绿体的发育、叶绿素含量变化以及 Rubisco 酶活性变化有关。试验中空间飞行后植株叶绿素含量出现差异性，进而影响植株的光合特性，且二者的变异规律大致相同。叶片净光合速率直接受光合有效辐射、气温和空气相对湿度等生态因子的影响。实验表明，紫花苜蓿空间搭载后光合特性因水分含量组别的不同而表现出不同的差异性。9% 和 11% 的组别净光合效率、光合有效辐射、水分利用率均表现出负向变异；水分含量 13%、15% 和 17% 的组别净光合效率、光合有效辐射、光合利用率表现出正向变异，这与叶绿素含量的变化趋势是一致的。

参考文献

杜连莹 . 2010. 实践八号搭载 8 个苜蓿品种生物学效应研究 [D]. 哈尔滨：哈尔滨师范大学 .

冯鹏 . 2008. 紫花苜蓿种子含水量对卫星搭载诱变效应的影响 [D]. 兰州：甘肃农业大学 .

马学敏 . 2011. 空间诱变对紫花苜蓿叶片生理特性的影响 [D]. 长春：吉林农业大学 .

张文娟 . 2010. 4 个紫花苜蓿品种空间诱变效应的研究 [D]. 兰州：甘肃农业大学 .

李晶，任卫波，郭慧琴，等 . 2012. 空间诱变对紫花苜蓿过氧化物同工酶影响 [J]. 种子，32（4）：46–48.

李波，石善亮，丁文超，等 . 2014. 空间环境对苜蓿叶片过氧化物同工酶的影响 [J]. 饲草与饲料，7：111–113.

高文远，赵淑平，薛岚，等 . 1999. 空间飞行对藿香过氧化物酶、酯酶同工酶、可溶性蛋白质的影响 [J]. 中国中药杂志，24（3）：138–140.

吴岳轩，曾富华 . 1998. 空间飞行对番茄种子活力及其活性氧代谢的影响 [J]. 园艺学报，25（2）：165–169.

徐继，闫田，赵琦，等 . 1997. 空间环境对石刁柏幼苗向性生长及代谢过程的影响 [J]. 生物物理学报，13（4）：660–664.

韩蕾 . 2005. 太空环境对草地早熟禾的诱变效应及其诱成突变体的生物学变化 [D]. 北京：中国林业科学研究院 .

韩蕾，孙振元，钱永强，等 . 2004. "神舟" 三号飞船搭载对草地早熟禾生物学特性的影响 [J]. 草业科学，21（5）：17–19.

张蕴薇，任卫波，刘敏，等 . 2004. 红豆草空间诱变突变体叶片同工酶及细胞超微结构分析 [J]. 草地学报，12（3）：223–226.

李金国，蒋兴村，王长城 . 1996. 空间条件对几种粮食作物的同工酶和细胞学特性的影响 [J]. 遗传学报，23（1）：45–55.

刘敏，张赞，薛淮，等 . 1999. 卫星搭载的甜椒 87–2 过氧化物同工酶检测及 RAPD 分子检测初报 [J]. 核农学报，13（5）：291–292.

李社荣，马惠平，谷宏志，等 . 2001. 返回式卫星搭载后玉米叶绿体色素变化

的研究 [J]. 核农学报，15（2）：75–80.

任卫波，韩建国，张蕴薇 . 2006. 几种牧草种子空间诱变效应研究 [J]. 草业科学，23（3）：72–76.

任卫波，韩建国，张蕴薇，等 . 2007. 卫星搭载对新麦草二代种子活力的影响 [J]. 草原与草坪，12（1）：42–45.

任卫波，韩建国，张蕴薇，等 . 2006. 卫星搭载对新麦草种子含水量的影响（简报）[J]. 草地学报，14（3）：292–294.

贺鹏 . 2008. 航天诱变烤烟品种的发芽特性及酶活性变化研究 [D]. 长沙：湖南农业大学 .

王世恒，祝水金，张雅，等 . 2004. 航天搭载匣子种子对其 SP1 生物学特性和 SOD 活性的影响 [J]. 核农学报，18（4）：307–310.

Jiao S X, Hilaire E, Paulsen A O, et al. 2004. Brassoca rapa plants adapted to microgravity with reduced photosystem I and its photochemical activity [J]. Phyiologia Plantarum, 122（2）: 281–290.

Kitaya Y, Kawai M, Tsuruyama J, et al. 2000.The effect of gravity on surface temperature, and net photosynthetic rate of plant leaves [J]. Plant Physiolsgyes, 25（4）: 659.

Rasmussen O, Baggenmd C, Larssen H C, et al. 1994.The effect of 8 days of micro-gravity on regeneration of intace plant from protoplasts [J]. Physiolosy Plant, 92: 404-411.

Tripahty B C. 1992. Growth and photosynthetic responses of wheat plant growth in space [J]. Plant Physiology,100（2）: 692-698.

第六章　紫花苜蓿空间诱变分子机理研究

第一节　空间诱变对紫花苜蓿遗传结构的影响

航天育种技术是多种诱变因素综合作用的结果，宇宙空间的强辐射、微重力、高真空、弱磁场等特殊环境使种子或其他植物体产生遗传变异，可以诱发自然界稀有的或常规方法较难得的新性状、新基因。任卫波等、张月学等、范润钧等、杨红善等通过对空间搭载后代调查研究发现，空间搭载后其后代在形态、细胞及分子等方面都发生了不同程度的变化或变异。然而，国内外对于苜蓿航天诱变后的研究主要集中在形态、生理生化及分子多态性方面的研究，对空间搭载后苜蓿的遗传多样性和遗传结构研究报道较少。本研究在充分汲取及借鉴其他植物航天育种及种质资源遗传多样性研究的基础上，利用 SSR 分子标记技术对空间搭载后的苜蓿品种"中草 3 号"进行了遗传多样性和遗传结构的研究，旨在探讨和评价航天环境对苜蓿的诱变效果，为拓宽苜蓿种质资源遗传基础、新品种选育及利用提供理论依据。

一、材料与方法

将苜蓿品种"中草 3 号"（*Meidicago sativa* L.cv. Zhongcao No.3）种子，于 2011 年 11 月搭载"神舟八号"飞船空间诱变处理 17 d，返回后 4℃保存备用。2012 年 5 月，随机选取搭载和未搭载种子各 800 粒，穴盘育苗后，6 月将单株移栽田间。田间小区采取随机区组设计，每个区组 4 个小区，包括 3 个搭载和 1 个未搭载对照小区，小区面积 4 m×5 m，株行距 1.0 m×0.9 m。2015 年从该批材料中选取 93 份诱变材料（编号 YB1–YB93）及 10 份（编号 CK1–CK10）对照材料，苗期采集幼嫩叶片液氮速冻后存入 –80℃冰箱后备用。

采用天根植物基因组提取试剂盒（DP305）提取 DNA，用 1% 琼脂糖凝胶电泳检测，将 DNA 稀释至 40 ng/μL 后备用。PCR 反应为 10 μL 体系，共含模板 DNA 3 μL、引物（10 pmol/μL）3 μL、PCR mix（天根公司）4 μL、液体石蜡 14.5 μL。PCR 扩增程序：94℃预变性 3 min，95℃变性 1 min，52℃退火 1.5 min（不同引物退火温度不同），72℃延伸 1 min，共循环 35 次，最后 72℃ 保温 8 min，4℃保存。

选择来自不同来源的苜蓿及蒺藜苜蓿 SSR 引物 60 对，引物由北京鼎国昌 盛生物技术有限责任公司合成。PCR 扩增产物用 8% 变性聚丙烯酰胺凝胶电 泳，银染，显色后对所呈现的带谱进行统计。

采用 Power Marker Ver 3.25 构建无根树状聚类图，Mega 6.0 生成聚类 图。利用软件 Structure 2.2 对参试材料进行群体结构分析。先设定群体数目 （K）为 2-10，将 MCMC（Markov Chain Monte Carlo）的不作数迭代（Length of burn-in period）设为 1 000 次，再将不作数迭代后的 MCMC 设为 100 000 次， 每个 K 值运行 5 次，以拟然值最大为原则选取一个合适的 K 值，计算各材料 的 Q 值，分析群体结构首先依据似然值最大的原则判断 K 的取值，随后利用 系数 ΔK 对最佳 K 值进行估算，进而推测诱变种质的最佳群体结构。主成分 分析（PCA）采用 NTsys 2.0e 中的 Dcenter 与 Eigen 模块进行。

二、SSR 标记分析

随机取 5 份地面对照和 5 份诱变材料，对来源于苜蓿及蒺藜苜蓿的 SSR 引物进行退火温度和多态性筛选。60 对引物中有 20 对扩增条带清晰、多态性 和重复性好，有效扩增比例为 33%（表 6-1）。20 对引物在 103 份参试材料中 共扩增出 191 条等位变异，平均每个位点为 9.55 个。引物扩增位点的基因多 样性变化范围为 0.019 2~0.499 6，平均为 0.282 7。多态性信息量（PIC）变化 范围为 0.019 0-0.374 8，平均为 0.230 4。

空间诱变技术能显著创造苜蓿的遗传变异。任卫波、杨红善、张月学等报 道不同苜蓿品种搭载后株高、分枝、抗性等性状发生显著变化，染色体分析发 现 SP1 代幼苗根尖细胞分离指数、染色体畸变等表现出较强的诱变效应，诱 变后 DNA 甲基化水平发生了不同程度的变化，进一步用 RAPD、SRAP、SSR 等分子标记技术研究表明，空间搭载后其后代性状可以稳定遗传。采用的标 记分析方法不同，诱变后代位点变异频率差异很大。本研究采用的 20 对 SSR 引物在 103 份参试材料中共扩增出 191 条等位变异，平均每个位点为 9.55 个， 多态性信息量（PIC）平均为 0.230 4。对于空间诱变而言 SSR 标记变异的密度 较高，因而获得的多态性位点频率也较高。

表 6-1　苜蓿 15 对多态性 SSR 引物的信息

引物名称 Primer name	正向引物序列 Forward prime	反向引物序列 Reverse prime	引物获得文献 Reference of primers
AFat15	TTACGGGTCTAGATTAGAGAGTATAG	CAAAATGAGTATAGGGAGTGG	
AFct32	TTTTTGTCCCACCTCATTAG	TTGGTTAGATTCAAAGGGTTAC	Diwan,et al,1997
AFctt1	CCCATCATCAACATTTTCA	TTGTGGATTGGAACGAGT	
FMT13	GATGAGAAAATGAAAAGAAC	CAAAAACTCACTCTAACACAC	
B14B03	GCTTGTTCTTCTTCAAGCTC	ACCTGACTTGTGTTTTATGC	
B21E13	GCCGATGGTACTAATGTAGG	AAATCTTGCTTGCTTCTCAG	
E318681	ACCATCAACACCAACAGCAG	TGCTACTTCCGCTTTGTTCA	
ENOD20	CGAACTTCGAATTACCAAAGTCT	TTGAGTAGCTTTTGGGTTGTC	
MTLEC2A	CGGAAAGATTCTTGAATAGATG	TGGTTCGCTGTTCTCATG	
MTIC19	TCTAGAAAAAGCAATGATGTGAGA	TGCAACAGAAGAAGCAAAACA	
MTIC51	AGTATAGTGATGAAGTGGTAGTGAACA	ACAAAAACTCTCCCGGCTTT	
MTIC64	CCCGTTCTTTTATGTTGTGG	AACAAACACAATGGCATGGA	Julier,et al,2003
MTIC82	CACTTTCCACACTCAAACCA	GAGAGGATTTCGGTGATGT	
MTIC124	TTGTCACGAGTGTTGGAATTTT	TTGGGTTGTCAATAATGCTCA	
MTIC135	GCTGACTGGACGGATCTGAG	CCAAAGCATAAGCATTCATTCA	
MTIC169	TCAAAACCCTAAAACCCTTTCTC	GCGTGCTAGGTTTGAGAGGA	
MTIC183	AAATGGAAGAAAGTGTCACG	TTCTCTTCAAGTGGGAGGTA	
MTIC210	CCAAACTGGCTGTGTTCAAA	GCGGTAAGCCTTGCTGTATG	
MTIC237	CCCATATGCAACAGACCTTA	TGGTGAAGATTCTGTTGTTG	
MTIC470	GGTTCGTGTATTTGTTCGAT	CCCTTCACAGAATGATTGAT	

三、基于 SSR 标记的空间搭载材料聚类分析

利用邻接法（Neibor-joining 1983，NJ）对 103 份参试材料进行无根树状聚类（图 6-1）发现，参试材料被划为 6 大类，第 1、第 2、第 3、第 4、第 6 大类为空间诱变材料，共 86 份；第 5 类材料为地面对照材料和空间诱变材料交叉聚类，细分后，将第 5 类可划分为 2 个亚类，10 份地面对照材料与 YB93 号材料为第 1 亚类，其他 17 份材料为第 2 亚类。从而说明"中草 3 号"紫花苜蓿经空间诱变后，各材料均发生了不同程度的变异，第 5 类中 27 份材料之间变异程度较小，17 份诱变材料与地面对照材料的遗传关系较近。

通过聚类分析可将材料划分为六大类，其中第 5 类包含 17 份空间诱变材

料和10份地面对照材料，对比17份材料、其他各类诱变材料及地面对照材料，我们发现第5类中诱变材料与地面对照的遗传关系较近，发生了较小的变异，其他各类变异程度较大，这可能与苜蓿异花授粉及群体遗传背景相关。从而也证明，SSR标记能够准确反映各材料之间的亲缘关系，可较好地用于空间诱变苜蓿种质资源遗传多样性和群体结构的分析。

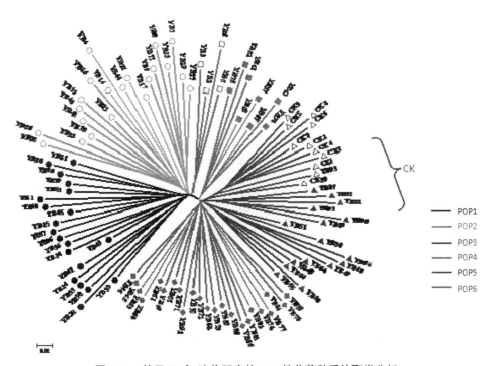

图6-1　基于Nei's遗传距离的103份苜蓿种质的聚类分析

四、空间搭载材料的群体结构分析

利用SSR标记和Structure 2.2软件对空间诱变和地面对照材料的群体结构进行分析，分组从K=2到K=10，LnP（D）值随分组数增加而增大，没有出现拐点（图6-2中A），显然利用LnP（D）值无法判断参试材料的群体结构。随后利用系数ΔK对最佳K值进行估算，ΔK在K=5时出现明显峰值（图6-2中B），即依据K值可将103份参试材料可分为5大类（图6-3）。

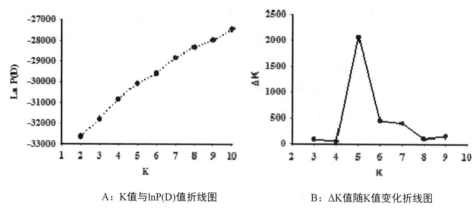

A：K值与lnP(D)值折线图　　　　　　B：△K值随K值变化折线图

图6-2　K 值与 lnP(D)、△K 值折线

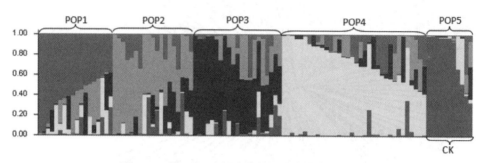

图6-3　基于 SSR 标记的 103 份苜蓿群体结构

　　利用 Structure 2.2 软件划分的五大类中，遗传距离最近的为第 4 和第 5 类，遗传距离最远的为第 2 和第 5 类（表6-2）。各类群的个体数依次是 18、19、21、34 和 11，其中个体最多的是第 4 类，最少的是第 5 类。第 5 类为全部地面对照材料和诱变材料 77 号，这与聚类分析的结果基本一致。通过对 5 个类群的遗传固定指数分析发现，各类群的 Fst 均大于 0.05，说明 5 个类群均能独立成群（表6-3）。群体内基因多样性最小的为第 4 类，最大的为第 1 类（表6-3），第 1 类的遗传多样性较丰富。由此说明，经空间搭载后，各材料均发生了不同程度的变异，在诱变后的优异材料选育时，可优先考虑从遗传多样性较丰富的居群选取。

表 6-2　各群体间的 Nei's 遗传距离

	POP1	POP2	POP3	POP4	POP5
POP1					
POP2	0.120 9				
POP3	0.091 3	0.090 5			
POP4	0.065 8	0.114 6	0.077 0		
POP5	0.085 6	0.130 3	0.097 1	0.061 0	

表 6-3　群体遗传结构信息指标

群体 Subpopulation	样品大小 Samples number	Fst	基因多样性 Gene diversity
POP1	18	0.322 1	0.232 8
POP2	19	0.383 1	0.222 0
POP3	21	0.318 6	0.229 6
POP4	34	0.410 0	0.189 1
POP5	11	0.439 8	0.193 8

五、空间搭载材料的二元主成分分析

利用 NTSYS-pc Ver 2.10 软件对 93 份空间搭载材料和地面对照材料进行二元主成分分析。结果显示，前两维贡献率分别为 16.53% 和 14.07%。依据位置相近表示亲缘关系密切，位置远表示亲缘关系疏远的原理，将混合群体分为 5 个椭圆部分。空间诱变和地面对照混合群体主成分分析划分区域较近的位置与群体结构分析中划分类群所对应的区域基本类似。地面对照材料 CK1-CK10 与其他诱变材料距离较远，划分到了 e 部分，这与遗传结构分析（POP5）的结果一致。诱变材料按照位置相近的原理划分为 4 部分，与遗传结构分析的结果对应。

本研究中 Structure 遗传结构分析和 PCA 主成分分析结果基本类似，地面对照材料明显地聚在一起。聚类分析将参试材料划分为六大类，而群体遗传结构分析和主成分分析将各材料分为 5 类，群体遗传结构划分的各群体内的遗传多样性信息指数较小。群体结构更能体现单份材料趋向各群体的比例，可以提供种质遗传相似性的详细信息，从而全面了解诱变材料整体的遗传信息。本研究通过群体结构分析发现，5 个群体之间的遗传固定系数为 0.061 0~0.130 3，群体内基因多样性最小的为第 4 类，最大的为第 1 类，第 1 类的遗传多样性较

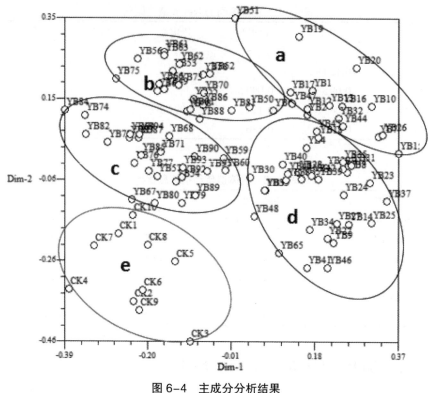

图 6-4　主成分分析结果

丰富，第 5 类单独聚类为地面对照材料。从而证明，利用 SSR 分子标记研究空间搭载苜蓿遗传关系是可靠的，对每份诱变材料遗传组成的深入鉴定对于研究空间搭载后群体的遗传关系和优异突变体材料选育提供重要依据。

第二节　空间诱变对紫花苜蓿基因位点多态性的影响

空间诱变是利用微重力、高真空、强辐射等因素，对植物材料进行诱变。与传统物理诱变相比，因其具有损伤轻、诱变率高等优点，近些年已成为国内外研究热点。在经历了空间飞行后，搭载当代的部分农艺性状与地面对照具有差异，表现为株高增加、穗长增加、生育期变化等。并在 SP2 代更加明显，出现株高增加、生育期变化、叶形、叶色、抗病等多种变异类型。相关性状在 SP2 代、SP3 代表现为强烈的广谱分离，一般在 SP4 代以后，变异性状趋于遗传稳定。白昌军等发现柱花草（*Stylosanthes guianensions* SW）经过搭载后出现高产、早花、抗病等变异，这些变异材料与对照间出现多个基因位点的多态性，而且多态位点类型可分为 2 类：扩增片断的增多和减少。

紫花苜蓿（*Medicago sativa* L.）因其具有产量高、营养丰富、生物固氮能力强等优点，被誉为"牧草之王"。开展苜蓿空间诱变研究对加快新品种选育、促进优质饲草生产具有重要意义。已有研究表明，空间搭载对紫花苜蓿有较强的诱变效应。Xu 等发现，紫花苜蓿种子经过卫星搭载后，其搭载当代叶片的总氨基酸含量、叶片淀粉酶酶带及活性均发生显著变化。进而，紫花苜蓿经过搭载后其发芽率无显著变化，但其根尖染色体畸变率、苗畸变率显著提高，而且在分枝数和鲜重产量上变化显著。不同基因型间差异显著，其中肇东苜蓿诱变敏感性高于龙牧 803。目前多数研究主要集中在搭载当代诱变效应的评价，有关突变体筛选及其遗传多态性的研究报道较少。本章以株高为指标，对卫星搭载苜蓿当代群体进行突变体筛选；同时通过 RAPD 标记和聚类分析，揭示空间诱变对紫花苜蓿遗传位点的影响。

一、材料与方法

供试的 3 个苜蓿品系由新疆大叶、公农 1 号、WL323、Queen 等国内外优良品种，通过配置多个杂交组合，以抗寒、高产为目标经过 10 年（从 1999 年开始）选育而成，目前各品系的遗传性状基本稳定。

将精选后的种子分为 2 份：地面对照（CK）与用于搭载。将种子封入布袋，搭载于我国发射"实践八号"育种卫星（2006.9.9–2006.9.24）进行空间诱变处理，飞行时间 15 d。返回后，CK 与飞行种子均储藏在 4℃冰箱，干燥避光保存。

2008 年 5 月搭载和对照种子在温室播种育苗。随后在播种后第 1、第 2、第 3、第 4 周共 4 次测量株高进行筛选。突变体筛选标准参照 Wei 等的方法，入选标准为：入选株性状 > 对照平均值 +3 倍标准差。选取 3 次以上测量结果达到入选标准的单株为候选变异株。入选单株编号、授粉、自交，在自交后代中按照搭载当代筛选方法，重新进行筛选，统计变异高株数和遗传分离比例。

入选率 =（入选候选单株数 / 植株总数）× 100%

搭载当代变异率 =（可遗传变异株数 / 植株总数）× 100%

药品与仪器 PCRmix（含 dNTP，Taq 酶，Mg^{2+}）、100bp DNA ladder 购自北

京天根公司，随机引物由奥科公司合成，PCR 仪为美国 ABI 2720。试验设计对照随机选取 15 株，单株提取基因组，等量混合构建地面对照基因池。搭载变异株单株提取基因组，进行 RAPD 多态位点对比分析。

PCR 循环程序为下：

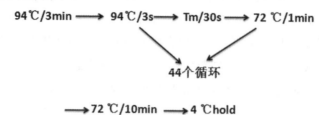

PCR 产物用含有 EB 的 1.5% 琼脂糖凝胶电泳检测，其结果用凝胶成像系统观察。

试验数据用 SPSS 12.0 统计软件进行独立 t 检验；分子标记多态位点及树状图采用 NTsys 2.0 进行，聚类分析方法采用非加权组法（UPGMA）进行。

二、突变体初步筛选

经过苗期 4 周的筛选，初步获得苗期株高变异株 15 株（入选率 3.4%），其株高比对照增加 69%~150%（表 6-4）。进而，入选 15 个单株中有 5 株（S1-5-8、S1-6-4、S1-10-4、S2-5-3 和 S4-9-3）自交后代的株高性状出现显著分离，其自交后代中高株变异与表现正常株的比例在 0.3~0.6，并因单株而异。因此，初步认为这 5 株高株变异为可遗传变异，可遗传变异率达 1.1%。

表 6-4　试验材料及其性状描述

编号	品系	搭载当代性状	后代分离比率（高株变异 el 正常）
S 1-1-7	品系 1	株高增加 45% ~ 72%	0
S 1-5-8	品系 1	株高增加 62% ~ 98%	1:2
S 1-6-4	品系 1	株高增加 76% ~ 102%	2:3
S 1-6-8	品系 1	株高增加 64% ~ 70%	0
S 1-9-7	品系 1	株高增加 58% ~ 82%	0
S 1-10-4	品系 1	株高增加 67% ~ 116%	0
S 1-14-4	品系 1	株高增加 108% ~ 150%	0
S 2-3-6	品系 2	株高增加 68% ~ 91%	0
S 2-5-3	品系 2	株高增加 47% ~ 69%	1:3

（续表）

编号	品系	搭载当代性状	后代分离比率（高株变异 el 正常）
S 2–7–3	品系 2	株高增加 71%~ 102%	0
S 2–10–8	品系 2	株高增加 53%~ 67%	0
S 4–7–5	品系 4	株高增加 59% ~ 68%	0
S 4–9–3	品系 4	株高增加 53% ~ 69%	1∶4
S 4–10–3	品系 4	株高增加 67% ~ 114%	0
S 4–11–1	品系 4	株高增加 55% ~ 69%	0

这一变异率低于已有的报道。Mei 等研究发现，以叶条纹单一性状为指标，玉米种子的诱变率为 4.6%。其原因可能是诱变材料的体积差异造成的。玉米种子的体积远大于苜蓿种子，因此玉米种子在空间飞行过程中被宇宙重粒子击中的概率也大于苜蓿种子。吕兑财等研究发现在同一次搭载过程中，大粒种子如玉米，有近 90% 的种子被宇宙粒子击中种胚，而小种子拟南芥不到 14% 左右。被宇宙重粒子击中胚的概率差异可能导致诱变率的差异。同时可遗传株自交后代中高株突变的出现概率介于 0.3~0.6 之间，差异较大，可能与株高性状为多基因控制的数量遗传性状，因此其突变位点在遗传分离时表现性状较为复杂有关。具体诱变遗传稳定性及其机理有待进一步深入研究。

三、RAPD 多态性分析

在测试的 20 条随机引物中，除 OP9 和 OP18 外，其余 18 条引物均可扩增出稳定、清晰的条带，产生条带的引物比为 90%（图 6-5）。18 条引物产生的

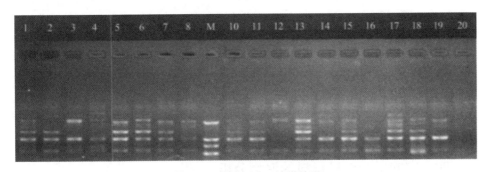

图 6-5 引物 OP1 扩增结果

注：1 为品系 1 对照；2~8 为品系 1 搭载变异株；10 为品系 2 对照；11~14 为品系 2 搭载变异株；15 为品系 4 对照；16~19 为品系 4 搭载变异株；20 为 阴性对照（模板为水）；M 为 DNAmarker，其条带大小从上到下分别为 1 500 bp、1 000 bp、900 bp、800 bp

总条带数为 142 条，其中平均多态性条带 94 条，多态带率 65.6%。所有引物产生的条带数目有 6~11 条不等，平均为 7.9，大小在 500~2 000 bp。3 个品系间多态带数与多态带率存在差异。品系 1（103.71%）的多态带率最高，品系 2 最低（82.58%），品系 4 居中（98.69%）。

表 6-5　RAPD 引物序列及 PCR 结果

引物编号	引物（5'-3'）	扩增条带	品系 1		品系 2		品系 4	
			多态带数	多态百分比（%）	多态带数	多态百分比（%）	多态带数	多态百分比（%）
Op1	CCAGCTTAGG	8	6	75.0	4	50.0	3	37.5
Op2	GAACACTGGG	11	9	81.8	2	18.2	8	72.7
Op3	CCCGCTACAC	7	6	85.7	5	71.4	7	10.0
Op4	ACCGCCTGCT	6	2	33.3	1	16.7	1	16.7
Op5	CCGTGACTCA	7	6	85.7	5	71.4	5	71.4
Op6	TCTGTTCCCC	6	6	100	5	83.3	4	66.7
Op7	AGGGTCGTTC	10	8	80.0	5	50.0	8	80.0
Op8	CACCATCCGT	9	6	66.7	7	77.8	8	88.9
Op10	ACGTAGCGTC	7	4	57.1	3	42.9	2	28.6
Op11	CCACGGGAAG	11	9	81.8	6	54.5	6	54.5
Op12	TCCCACGCAA	10	7	70.0	8	80.0	8	80.0
Op13	GTCAGAGTCC	9	7	77.8	6	66.7	7	77.8
Op14	TCGGCGGTTC	9	7	77.8	8	88.9	7	77.8
Op15	ACACACGCTG	5	2	40.0	3	60.0	4	80.0
Op16	CCCCGGTAAC	7	6	85.7	3	42.9	6	85.7
Op17	ACATCGCCCA	7	5	71.4	4	57.1	4	57.1
Op19	GGTCACCTCA	6	2	33.3	3	50.0	6	100.0
Op20	CCGCGTCTTG	7	5	71.4	4	57.1	4	57.1
总计		142	103	–	82	–	98	–
平均值		7.9	5.7	70.8	4.6	57.7	5.4	68.5

四、空间诱变变异材料的聚类分析

18 份苜蓿材料间的相似系数为 0.66~0.80。依相似系数 0.684 的水平，将供试的 18 份材料分为 4 个类群（图 6-6）：类群 I：C1（品系 1 对照）、22

（S1-14-4）、16（S1-1-7）、68（S4-10-3）；类群Ⅱ:21（S1-10-4）、67（S4-9-3）；类群Ⅲ:C2（品系2对照）、C4（品系4对照）、19（S1-6-8）、20（S1-9-7）、48（S2-7-3）、49（S2-3-6）、46（S2-10-8）、69（S4-11-1）、66（S4-7-5）；类群Ⅳ:17（S2-5-3）、18（S1-5-8）、47（S1-6-4）聚类分析结果表明，品系2与品系4对照聚在类群Ⅲ，品系1对照聚在类群Ⅰ，这可能是因为品系2是从品系4群体中进一步选育而成，因此其亲缘关系较近。5个可遗传变异株分别被聚在第Ⅱ、第Ⅳ类，说明苜蓿种子经过空间搭载后，部分单株的遗传位点发生较大变化。其余10个搭载株中，大部分单株（7株，70%）都聚在相应的对照类群中，说明这些单株的高株表现可能是由生理损伤引起的，其遗传位点并未发生显著改变。而S4-10-3、S1-6-8、S1-9-7例外，其原因可能是存在其他形式的变异（如生理生化方面），但是未被观测或检测出来。

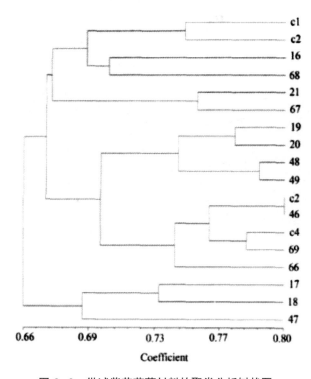

图6-6 供试紫花苜蓿材料的聚类分析树状图

聚类结果与变异性状具有较好的相关性。供试18份材料可聚为4类。对照主要聚集在第 1、第 3 类群，其中品系 2、品系 4 的对照聚在同一类群，结合已有的结果，说明聚类结果较好地反应对照间亲缘关系。聚在第 2，第 4 类群的为 5 份诱变材料，而且在这 5 份变异材料的自交后代中，株高变异性状出现不同程度的分离。

五、空间诱变对苜蓿基因多态性的影响

范润均等（2007）以搭载于"神舟三号"卫星（2002.3.25–2002.4.1）的 4 个紫花苜蓿品种德福、德宝、阿尔冈金、三得利的 SP$_1$ 为材料，利用 6 对 SSR 引物对筛选的 224 个单株进行了多态性分析。结果发现，在 224 个 SP$_1$ 植株中，56 株（总株数的 25%）的基因组 DNA 可扩增出与地面对照不同的差异带，其中多数（占总株数的 13.4%）具一个多态性等位基因，有 13 株具 3 个以上多态性基因座，占总株数的 5.81%。根据分析的结果可以认为，飞船搭载可导致较多紫花苜蓿种子基因组产生变异，并且有些种子基因组产生了多个等位基因的变异。

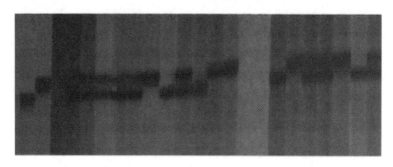

123456789 10 11 12 13 14 15 16 17 18 19 20 21 22 23

图 6-7　位点 AFca11 在部分 SP$_1$ 植株的扩增检测

引自范润均，2007

孙建萍等利用 6 对引物对来源于不同地区的 16 份披碱草种质资源的遗传多样性进行了分析，共检测出 26 个等位点，平均每对引物所产生的平均等位基因数为 4.3 个位点；许占友等将 SSR 标记和农艺性状间进行比较，探索利用 SSR 标记鉴定大豆种质的遗传多样性。王黎明等、郭光艳等的研究结果显示，利用 SSR 对大豆种质进行鉴定是可行的。而本研究利用 6 对 SSR 引物对 224 个经卫星搭载的紫花苜蓿 DNA 进行扩增，检测到 25 个等位基因，每对引

物检测出 2~8 个等位基因，平均为 4.17 个，平均 PIC 值为 0.636 6。表明利用 SSR 分子标记各位点的多态性信息含量丰富，利用 SSR 分子标记配合表型变异观察来筛选经卫星搭载紫花苜蓿的突变体也是可行的。

第三节　紫花苜蓿空间诱变变异基因定位与功能分析

紫花苜蓿是重要的豆科牧草，发展苜蓿生产，尤其对提高牛奶产量和质量具有重要意义。良种是苜蓿高效生产的物质基础。然而，我国当前本土育成的苜蓿品种相对较少，不能满足我国广大苜蓿产区不同生态条件特点的需求。植物太空诱变是近年新兴的、广为人们关注的技术，虽然苜蓿空间诱变研究报道较多，但多停留在产量性状的评价上，有关苜蓿诱变变异遗传分析方面的研究报道较少。

针对当前紫花苜蓿空间诱变后代遗传特性不清楚、变异筛选困难等问题，在前期研究的基础上，结合田间观测和室内 ISSR 等方法，开展苜蓿空间诱变高产变异株系筛选及其相关分子标记研发研究。结果表明，从 SP2 代搭载群体中筛选出 20 个高株变异材料，构建了 20 个 SP3 代株系，发现株高变异在 SP3 代群体表现为 3 个类型：① 稳定遗传型。该类株系中高株变异株数与正常株高单株数接近比例为 3∶1，可能为显性遗传。② 强烈分离型。其后代群体平均株高显著高于对照，但高株性状表现为强烈分离。③ 性状消失型单株平均株高与未搭载对照间无显著差异甚至显著低于对照（详见第三章第四节）。随后从 35 个引物中，筛选出 12 条多态性最丰度的 ISSR 引物对株高变异株系及对照进行遗传多态性分析。结果表明，高株变异材料多态位点百分率比地面对照高 24%，Shannon 多样性指数和 Nei 基因多样度也显著高于对照，这表明空间诱变对紫花苜蓿遗传稳点多态性有显著影响。通过遗传关联分析，筛选获得 1 个与高株变异密切关联的分子标记，在 SP3 代群体中该标记对高株变异的检测准确率达 83.3%，该标记对于加快空间诱变变异的筛选具有促进作用。

一、与株高变异关联 ISSR 分子标记研发及分析

为了筛选开发与高株变异关联的分子标记，通过反应体系和条件优化、引物筛选，构建了优化的 ISSR 分子标记分析平台，采用 12 条 ISSR 引物对空间

诱变高株变异进行了 DNA 位点多态性分析，筛选出 1 个与高株变异紧密关联的 ISSR 分子标记。具体结果如下。

采用正交试验设计，对 ISSR 反应体系进行了优化（表 6-6、表 6-7），通过对上述反应体系各组分浓度的优化，最终得到的 ISSR-PCR 最佳反应体系为：2.5 μL 10×PCR buffer、50 ng 模板 DNA、dNTP 0.2 mmol/L、Taq DNA 聚合酶 1.5 U、引物 0.4 μmol/L、Mg^{2+} 2.0 mmol/L，总体积为 25 μL。反应程序见表 6-6，其中退火温度依据筛选各引物的最佳退火温度而定。

表 6-6　ISSR-PCR 反应程序

步骤	温度	时间
Step 1	94℃	3min
Step 2	94℃	30s
Step 3	46~60℃	30s
Step 4	72℃	1min
Step 5	Go to step 2 for 35 cycles	
Step 6	72℃	10min

表 6-7　ISSR-PCR 反应条件正交优化因素

水平	dNTP（mmol/L）	Taq 酶（U）	Primers（μmol/L）	Mg^{2+}（mmol/L）
1	0.1	0.5	0.1	1.0
2	0.2	1.5	0.4	2.0
3	0.3	2.0	0.8	3.0

表 6-8　ISSR 引物序列及其优化退火温度

引物编号 Primer Name	引物序列（5'-3'） Secquance (5'-3')	引物长度 Primer Length	理论退火温度 Tm	最佳退火温度 Optimum Tm
807	AGAGAGAGAGAGAGAGT	17	52.18	55.5
808	AGAGAGAGAGAGAGAGC	17	54.59	57.1
811	GAGAGAGAGAGAGAGAC	17	54.59	47.3
814	CTCTCTCTCTCTCTCTA	17	52.18	53.8
834	AGAGAGAGAGAGAGAGYT	18	53.88	55.4
835	AGAGAGAGAGAGAGAGYC	18	56.16	58.7
836	AGAGAGAGAGAGAGAGYA	18	53.88	60.0
855	ACACACACACACACACYT	18	53.88	58.6
856	ACACACACACACACACYA	18	53.88	57.1
873	GACAGACAGACAGACA	16	51.55	57.1
876	GATAGATAGACAGACA	16	46.43	48.8
881	GGGGTGGGGTGGGGT	15	61.77	58.7

注：Y 代表 C 或 G

Note：Y aquals C or G

用该反应体系，对 35 个 ISSR 引物进行了 ISSR-PCR 扩增。结果表明，
① 在筛选的 35 个引物中，28 个引物可以扩增出谱带，表明该反应体系具有较
好的适用性；② 在有扩增产物的 28 个引物中，12 个引物扩增得到清晰稳定的
谱带，并且其中 7 个引物多态性好，每一引物扩增条带数目均在 4 条以上（表
6-8）；③ 在 12 条引物中（AG）n 有 5 条，（GA）n 有 1 条，（AC）n 有 2 条，
说明苜蓿基因组中可能存在大量的（AG）、（GA）、（AC）二核苷酸重复序列。
最终筛选出 12 条引物，并确定了各引物的最佳退火温度，部分结果见图 6-8、
图 6-9、图 6-10。

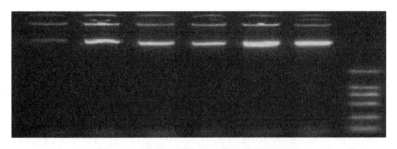

图 6-8　紫花苜蓿 DNA 基因组检测结果

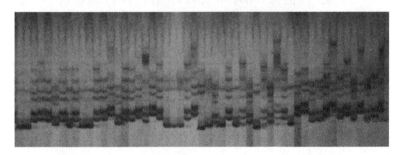

图 6-9　引物 807 在紫花苜蓿株高变异植株中的多态性

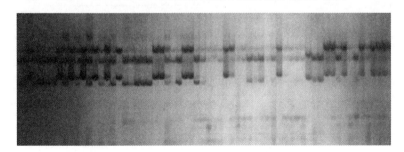

图 6-10　引物 855 在紫花苜蓿株高变异植株中的多态性

二、空间诱变株高变异株系遗传相似性分析

本试验利用筛选出的 12 个 ISSR 引物对供试紫花苜蓿基因组 DNA 进行 PCR 扩增，共获得 286 个扩增位点，通过计算材料间的遗传相似系数（GS 值）（表 6-9）可以看出供试苜蓿材料间的 GS 值变化范围在 0.243~0.838 之间。所有供试材料中，各材料间 GS 值大于 0.8 的占 0.08%，0.7~0.8 之间的占 3.83%，0.6~0.7 之间的占 19.79%，0.5~0.6 之间的占 46.04%，GS 值小于 0.5 的占 30.26%，这表明供试材料的遗传基础较宽，大部分材料之间相对遗传距离较远，说明航天搭载产生的诱变使材料间遗传差异变大，材料间整体 GS 值分布较大，遗传差异显著，遗传多样性丰富。

利用 ISSR 分子标记能将 16 份株高变异株系和对照在 GS 值约为 0.55 处分为 2 大类（图 6-11）。第一类又分为两大亚类，第一亚类 GS 值分布范围在 0.568~0.757，包括 7 份材料（1、2、3、5、7、10、13）；第二亚类 GS 值分布范围在 0.676~0.757，包括 4 份材料（12、14、15、CK）。第二类也分为两大亚类，第一亚类 GS 值分布范围在 0.622~0.757，包括 5 份材料（4、6、8、9、16）；第二亚类 GS 值为 0.649~0.757，仅有材料 11 和材料 17。聚类结果表明，第一类中第二亚类的 3 份变异材料与对照材料遗传关系较近。

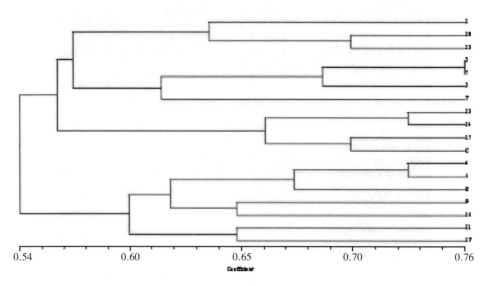

图 6-11 紫花苜蓿空间诱变株高变异与对照基于遗传相似系数的 UPGMA 聚类分析

表 6-9　基于 ISSR 标记的紫花苜蓿空间株高变异材料的遗传相似系数

材料编号	1	2	3	4	5	6	7	8	9	10	11	12	13	14	15	16	17	18	19	20
1	1 000																			
2	0.595	1 000																		
3	0.514	0.703	1 000																	
4	0.541	0.622	0.436	1 000																
5	0.568	0.757	0.676	0.640	1 000															
6	0.541	0.622	0.595	0.730	0.595	1 000														
7	0.622	0.541	0.676	0.595	0.622	0.649	1 000													
8	0.541	0.568	0.595	0.676	0.541	0.676	0.595	1 000												
9	0.541	0.622	0.541	0.676	0.541	0.568	0.541	0.622	1 000											
10	0.622	0.595	0.676	0.432	0.459	0.486	0.568	0.595	0.649	1 000										
11	0.622	0.486	0.405	0.595	0.405	0.595	0.514	0.649	0.595	0.514	1 000									
12	0.622	0.541	0.676	0.649	0.622	0.595	0.514	0.649	0.595	0.568	0.514	1 000								
13	0.649	0.514	0.595	0.459	0.595	0.405	0.541	0.568	0.514	0.703	0.436	0.595	1 000							
14	0.622	0.649	0.568	0.703	0.676	0.486	0.568	0.703	0.595	0.459	0.459	0.730	0.595	1 000						
15	0.541	0.459	0.541	0.568	0.486	0.459	0.541	0.568	0.622	0.432	0.595	0.703	0.622	0.703	1 000					
16	0.568	0.595	0.568	0.649	0.568	0.595	0.622	0.595	0.649	0.568	0.622	0.703	0.486	0.459	0.486	1 000				
17	0.541	0.514	0.432	0.568	0.486	0.514	0.541	0.622	0.622	0.595	0.649	0.514	0.514	0.595	0.568	0.595	1 000			
18	0.568	0.649	0.622	0.541	0.568	0.541	0.459	0.541	0.649	0.568	0.568	0.541	0.541	0.514	0.595	0.676	0.595	1 000		
19	0.595	0.514	0.541	0.459	0.378	0.459	0.486	0.514	0.459	0.595	0.432	0.432	0.514	0.541	0.405	0.595	0.514	0.486	1 000	
20	0.649	0.568	0.595	0.459	0.486	0.622	0.595	0.622	0.568	0.541	0.595	0.595	0.405	0.541	0.514	0.595	0.730	0.595	0.514	1 000

三、空间诱变株高变异株系与对照遗传变异分析

为了进一步分析株高变异株系和对照之间遗传变异的差别，从表现株高变异的诱变材料、未表现株高变异的诱变材料和地面对照中各选取 15 株，共 45 个单株进行 ISSR 多态性分析。结果表明，表现株高变异的搭载材料多态位点百分率为（P）72.60%，Nei 基因多样度（h）为 0.453，Shannon 多样性指数（I）为 0.587，未表现变异的搭载材料多态位点百分率为（P）48.27%，Nei 基因多样度（h）为 0.259，Shannon 多样性指数（I）为 0.456，而地面对照多态位点百分率为（P）40.32%，Nei 基因多样度（h）为 0.2758，Shannon 多样性指数（I）为 0.3869，均低于株高变异材料（图 6-12），这表明：① 表现变异性状的诱变材料遗传位点多态性高于未表现株高变异的诱变材料；② 诱变材料遗传位点多态性高于地面对照。

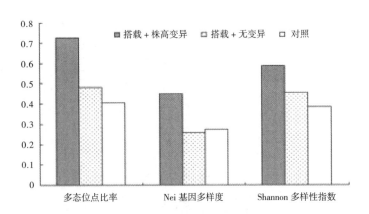

图 6-12　基于 ISSR 的空间诱变紫花苜蓿 DNA 位点多态性分析

四、空间诱变株高变异关联分子标记分析

以搭载当代株高变异株 H5 和对照为材料，通过对 12 条 ISSR 引物筛选分析，获得 1 个与空间诱变株高变异密切相关的特征标记（图 6-13），该标记只在株高变异株 H5 中出现，在对照中没有出现。

随后，分别从 H5 变异株系后代（SP3 代）和对照中，随机选出 12 株对其进行特征标记关联分析。在检测 12 个 SP3 代株高变异株中，有 10 个单株有该标记，2 个单株未表现标记。在检测的 12 个对照单株中，均没有检出

该标记，这说明该标记与株高变异位点紧密连锁，可用于对株高变异的辅助选择。

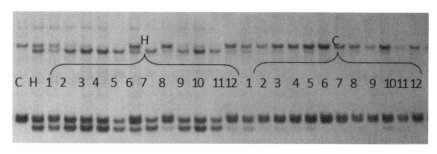

图 6-13　空间诱变株高变异 ISSR 特征标记分析

注：图中 C 为未对照，H 为 SP2 代搭载株高变异株，H1~H12 为 SP3 代搭载株高变异；C1~C12 为地面未搭载单株

通过该项目研究，从 SP2 代搭载群体中筛选出 20 个高株变异材料，构建了 20 个 SP3 代株系，并筛选出 1 个稳定遗传的高株变异株系，揭示了高株变异遗传分离规律，并为下一步揭示空间诱变分子调控机制提供基础；通过该项目研究，建立了 ISSR 优化分析平台，通过 ISSR 分析，揭示了空间诱变变异的 DNA 位点多态性，通过关联分析，筛选获得 1 个与高株变异紧密关联的分子标记，对株高变异的检测率达 83.3%，为下一步开展分子标记辅助选择提供了重要基础。

第四节　紫花苜蓿空间诱变变异的表观遗传学分析

近地空间环境具有微重力、高真空、强重粒子辐射及弱地球磁场等特殊环境。这些特殊条件对进入其中的生物材料具有复合诱变作用。经过搭载后，植物往往表现出株高、分枝、株型、生育期等多种表型变异，研究这些表型变异的遗传特性及其形成的分子机制不仅有助于揭示空间生物学诱变机理，还有助于获得优质变异材料，用于新品种选育。作为种植面积最大，经济价值最高的豆科牧草，紫花苜蓿一度成为研究的热点之一。研究表明，空间环境对紫花苜蓿有强烈的诱变效应。经过卫星搭载后，其碳水化合物含量显著降低，核酸类化合物含量增加，这可能与种子修复诱变损伤导致的能量消耗及 DNA 大量合成有关。飞行幼苗根尖的细胞分裂指数、染色体畸变率、核畸变率等指标显著高于地面对照。进一步分析表明，搭载后苜蓿的株高、初级分枝数、单株生物量、叶片数、叶片厚度等方面均可发生显著变化，通过筛选有望获得优质、高产的变异材料。与此同时，还发现诱变变异材料的多个基因位点均发生不同程度的变化。这些研究为揭示紫花苜蓿空间诱变变异特征及其产生的分子机理提供了基础。尽管苜蓿空间诱变方面已开展了大量的研究，但与当前作物研究已深入到基因定位、DNA 甲基化分子调控机制相比，苜蓿方面的研究主要是针对卫星搭载当代诱变效应评价、基因组位点多态性分析等方面，有关这些变异性状的遗传特性、这些变异性状与基因变异位点的关系及其分子调控机制的报道相对较少。

DNA 甲基化（DNA methylation）是植物表观遗传重要的标记之一，植物通过胞嘧啶甲基化状态变化调控基因表达网络，以适应环境的变化。空间环境是一种特殊的环境，进入空间环境的植物是否也存在 DNA 甲基化的分子适应机制？新的研究为这一假设提供了新的证据。研究发现，经过空间诱变后，水稻基因表达和 DNA 甲基化发生显著变化，这些变化对转录因子激活、功能基因的表达均产生显著影响，而且这一变化的产生可能与空间诱变影响 DNA 甲基化酶活性、miRNA 转录等有关，这些发现为进一步解释植物响应空间诱变的基因调控机制提供依据。这说明空间诱变变异的产生不仅是由基因组序列变异产生，而且还存在基于 DNA 甲基化的表观遗传调控机制。本研究以筛选获得的具有表型变异的空间诱变植物为材料，通过检测其 DNA 甲基化变化，重点解决两个问题：① 空间诱变是否对紫花苜蓿的 DNA 甲基化水平和状态有显著影响。② 这些影响与表型变异存在什么关系。这对于揭示苜蓿空间诱变表观遗传机制，丰富苜蓿空间诱变育种理论具有重要指导意义。

一、材料与方法

供试紫花苜蓿品种"中草 3 号"种子由中国农业科学院草原研究所于林清老师惠赠。供试种子经过精选后，随机分为两份，一份作为未搭载对照（CK），另一份用于空间搭载。搭载种子封入布袋，搭载于我国发射"神舟号"飞船（2011.11.1—2011.11.17）进行空间诱变处理，空间飞行 17 d。返回后，对照和搭载种子密封保存在 4℃冰箱备用。

2012 年 5 月，搭载种子和未搭载对照种子各 800 粒种子，播种于育苗穴盘进行育苗。6月单株移栽田间，株行距1.0m×0.9m。田间小区采取随机区组设计，每个区组4个小区，包括3个搭载小区和1个未搭载对照小区。小区面积4m×5m。

在初花期进行株高、初级分枝数、单株生物量等性状观测，并进行突变体筛选。突变体筛选参照Wei等方法，筛选标准为：目标性状＞对照株高平均值＋2倍标准差。入选单株编号，采集新鲜健康叶片，−80℃保存备用。

1. DNA 提取

采取CTAB法对苜蓿叶片DNA进行提取，具体步骤参照袁庆华等所述进行。

2. 样品酶解

取100 μL DNA样品，于100℃煮沸5 min，冰上放置10 min，加入0.5 mM硫酸锌和2.5 μg/μL Nuclease P1，37℃水浴过夜。将酶解后的样品0.45 μm滤膜过滤，12 000 r/min离心，取上清。

3. 样品分析

采用GE AKTA Explorer蛋白纯化系统进行分析。采用50 mM磷酸铵缓冲液和90%甲醇98∶2（v/v）混合作为流动相，流速1 mL/min。DNA甲基化率＝甲基化胞嘧啶（mC）/总胞嘧啶×100

DNA甲基化多态性分析主要用MSAP方法进行，具体步骤参照李雪林等所述方法进行。MSAP扩增引物用6%变性聚丙烯酰胺（PAGE）凝胶电泳分离，硝酸银染色后进行H（EcoR I/Hpa II）和M（EcoR I/Msp I）条带数及带型分析。有清晰条带为1，无清晰条带为0。随机选取1个地面对照植株作为标准对照（C0），所有植物包括地面对照其他植株和飞行苗都与之进行比较后得出待测植株的DNA甲基化多态性比率。计算方法如下：

多态性比率（%）＝（多态性条带数/总条带数）×100。

试验数据用SPASS 14.0进行多重比较和t检验分析，采用Excel进行作图。

二、突变体筛选及分析

与对照相比，卫星搭载后苜蓿株高、分枝数等性状发生显著变化。依据其变异类型，分为H、T、HT和N组（表6-10）。其中H组表现为搭载后株高增加21%~34%，差异显著（P<0.05），分枝数无显著变化；T组表现为搭载后

分枝数增加142%~213%，差异极显著（$P<0.05$），但株高无显著变化；HT组表现为搭载后，个体同时出现株高和分枝数均显著增加（$P<0.05$）；N组表现为搭载后，株高和分枝数均无显著差异（$P<0.05$）。搭载材料中每个组选取4个单株，进行DNA甲基化水平分析。

表6-10　不同变异类型紫花苜蓿性状

变异类型	编号	性状描述					
		株高（cm）	增加百分比（%）	分枝（个）	增加百分比（%）	单株干重（g）	增加百分比（%）
H组	S1	113.00	23.56	121.00	−6.71	0.32	14.65
	S2	111.00	21.38	127.00	−2.08	0.35	24.77
	S3	116.00	26.85	103.00	−20.59	0.31	13.56
	S4	123.00	34.50	162.00	24.90	0.37	35.26
T组	S5	98.00	7.16	407.00	213.80	0.59	112.65
	S6	87.00	−4.86	362.00	179.10	0.47	68.89
	S7	93.00	1.69	271.00	108.94	0.48	74.68
	S8	100.00	9.34	315.00	142.86	0.64	131.46
HT组	S9	115.00	25.75	243.00	87.35	0.32	14.64
	S10	110.00	20.28	249.00	91.98	0.31	11.39
	S11	124.00	35.59	393.00	203.00	0.58	110.48
	S12	117.00	27.93	283.00	118.19	0.78	183.18
N组	S13	86.00	−5.95	62.00	−52.19	0.24	−11.75
	S14	92.00	0.60	144.00	11.02	0.29	5.60
	S15	96.00	4.97	204.00	57.28	0.27	−1.62
	S16	80.00	−12.52	121.00	−6.70	0.30	7.41

卫星搭载对紫花苜蓿有显著的诱变效应。已有的研究表明，经过空间搭载后，苜蓿植株出现株高、分枝、叶片、生育期等多种表型变异，而且部分变异表现出可遗传性。本研究亦发现，经过空间飞行后，苜蓿植株出现高株、多分枝、矮化等多种类型变异。经过筛选，可获得高株、多分枝的高产变异材料。

三、空间诱变对紫花苜蓿DNA甲基化水平的影响

采用HPLC方法，对紫花苜蓿全基因组的胞嘧啶甲基化水平进行了分析。结果表明，与对照相比，空间搭载变异材料的基因组胞嘧啶（C）甲基化率增加3.5%~8.4%，除N组外，其他组差异均达到显著水平（$P<0.05$）。此外搭

载材料 4 个组间存在显著差异，其中 N 组（搭载未表现变异）基因组胞嘧啶（C）甲基化水平最低，T 组（多分枝但株高未增加）甲基化水平最高（尤其是多分枝、矮化植株的甲基化水平显著高于所有测试材料），H 组和 HT 组之间无显著差异（图 6–14）。

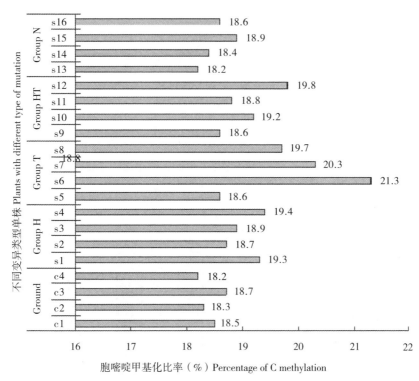

图 6-14　紫花苜蓿空间诱变变异株胞嘧啶甲基化水平分析

四、空间诱变对紫花苜蓿 DNA 甲基化多态性的影响

依据 Hpa II 和 Msp I 对 5'–CCGG 甲基化状态敏感性不同，将胞嘧啶甲基化分为 3 种类型：I 型：＋/＋两个酶切均有条带，表示检测区域甲基化；II 型：+/– Hpa II 酶切，Msp I 无酶切，表示半甲基化（单链甲基化）；III 型：–/＋ HpaII 无酶切，MspI 酶切，表示全根据带型变化，进行了 DNA 甲基化多态性分析，结果表明：① 与对照比，空间搭载后紫花苜蓿胞嘧啶甲基化多态性比率增加 7%~11%，差异显著（$P<0.05$），不同变异类型组存在显著差异，变异 H 株多态性比率最高，达到 12.8%；N 组最低，仅为 8.7%（图 6-15）。② 与

对照相比，搭载苜蓿基因组 DNA 甲基化状态出现了去甲基化和甲基化两种变化，其中去甲基化又可分为半去甲基化和无甲基化；甲基化可分为半甲基化和超甲基化（表6-11，图6-16）。甲基化多态性中以半甲基化和全甲基化为主，占到总条带比例2%~3%；去甲基化分别占0.1%~1%。③ 搭配材料间 DNA 甲基化多态性主要表现为，表型变异的甲基化多态变化。

表 6-11　DNA 甲基化状态变化

甲基化状态	甲基化类型	电泳带型			数字类型
去甲基化	无甲基化	Type III	Type I, Type II	Type I	0111, 1011
	半去甲基化	Type III	Type II; Type IV	Type II,	0110, 0010
甲基化	半甲基化	Type I	Type II		1110
	超甲基化	Type II	Type IV, Type II	Type III,	1000, 1001
		Type II	Type IV		

注：1 表示出现条带，0 表示没有条带

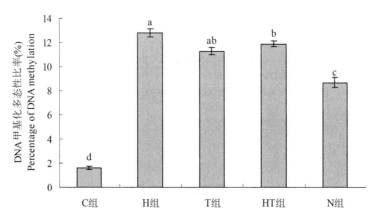

图 6-15　空间诱变对紫花苜蓿 DNA 甲基化多态性影响

图中不同字母表示差异显著（$P < 0.05$）

DNA 甲基化主要发生在 5'-CpG-3' 二核苷酸序列上，产生 5- 甲基脱氧胞嘧啶核苷酸（m5C），在基因表达、细胞分化及系统发育中起着重要的调控作用。环境刺激可引起 DNA 甲基化。本研究发现，卫星搭载对苜蓿植株 DNA 甲基化水平有显著影响，搭载后其胞嘧啶甲基化水平显著升高，这与已有的研究基本一致。OU 等研究发现，空间诱变可以诱发水稻发生表观遗传变异，经过空间飞行后，植物 DNA 甲基化水平显著升高。此外，研究还发现，空间诱

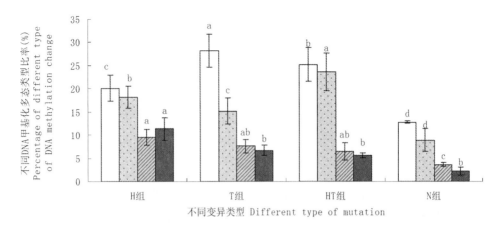

图 6-16　空间诱变对紫花苜蓿 DNA 甲基化类型的影响

变对紫花苜蓿胞嘧啶甲基化状态也有影响。空间诱变引起两种类型的 DNA 甲基化状态变化，即甲基化和去甲基化，其中以甲基化为主。在甲基化变化中，超甲基化现象更为常见。OU 等在对空间诱变水稻 DNA 甲基化状态进行研究时，也有类似的结果。与地面对照相比，在检测的 6 个转录因子和 11 个功能因子中，飞行植物的 6 个转录因子（100%）和 7 个功能基因（64%）的 DNA 甲基化状态发生了变化。此外还发现，空间诱变的 DNA 甲基化状态变化以胞嘧啶超甲基化为主。而且超甲基化多发生在 CNG 位点。进一步研究发现，空间诱变还可以诱发 DNA 甲基化酶 DRM2 和 CMT3 等基因上调表达，这可能是空间搭载后苜蓿 DNA 甲基化水平升高的原因。经历变化后，植物的 DNA 甲基化水平显著升高。Kovalchuk 等认为这些超甲基化现象可能与环境胁迫尤其是射线诱变下植物防御与适应机制有关。

五、空间诱变苜蓿甲基化位点分析

对部分多分枝变异出现的 DNA 甲基化多态性条带进行了回收克隆与测序分析，测序结果采用 BLASTN 在 NCBI 等数据库进行同源性比对，结果发现，甲基化主要发生在基因组的编码区和一些未知功能序列，部分序列与蒺藜苜蓿（Medicago trunctula）cDNA 同源，这些片段分别与编码细胞色素酶 P450 90B1（油菜素内酯合成限速酶）、胞嘧啶和脱氧胞嘧啶脱氨基酶、部分蛋白激酶的基因及转座子有关。其中细胞色素酶 P450 90B1 是重要激素油菜素内酯（BL）合成的关键限速酶。该激素参与植物生长发育、逆境胁迫响应等重要过程，尤其是植株株高与分枝发育密切相关，因此把编码该酶的基因 dwf4 作为突破点，进行了深入研究。

随后，采用亚硫酸盐处理测序的方法对编码细胞色素酶 P450 90B1 的 dwf4 基因甲基化的变化进行了进一步分析。共设计 3 对引物，分别对其启动子区域进行了 PCR 扩增。结果表明，与对照相比，多分枝（T2）出现了 2 个位点去甲基化。已有的研究表明，启动子区域的甲基化可能会抑制基因表达。因此，我们初步判断，高株变异的形成可能是由于 dwf4 基因的启动子区域去甲基化引起的。在此基础上，利用 RT-PCR 对 dwf4 基因表达进行初步分析，结果表明，与对照相比，多分枝变异表现出 dwf4 基因表达上调，搭载未表现变异材料 N 组 dwf4 基因表达与对照无显著差异。

参考文献

白昌军，刘国道，姚庆群，等 . 2008. 太空搭载"热研 2 号"柱花草后代 RAPD 多态性分析 [J]. 草地学报，16（4）：336-340.

范润钧，邓波，陈本建，等 . 2010. 航天搭载紫花苜蓿连续后代变异株系选育 [J]. 山西农业科学，38（5）：7-9.

范润钧，邓波，陈本建，等 . 2011. 航天诱变紫花苜蓿第一代植株（SP1）表型变异及基因多态性分析 [J]. 草地学报，19（5）：795-802.

郭光艳，李瑞芬，张敬原，等 . 2004. 小麦微卫星引物对多枝赖草基因组 DNA 扩增的研究 [J]. 华北农学报，19（1）：1-4.

郭会君，靳文奎，赵林姝，等 . 2010. 实践八号卫星飞行环境中不同因素对小麦的诱变效应 [J]. 作物学报，36（5）：764-770.

郭慧琴，任卫波，解继红，等 . 2013. 卫星搭载后紫花苜蓿 DNA 甲基化变化分析 [J]. 中国草地学报，35（5）：29-33.

韩微波 . 我国苜蓿空间环境诱变育种研究进展及展望 [J]. 核农学报，（8）：1 379-1 383.

李雪林，林忠旭，聂以春，等 . 2009. 盐胁迫下棉花基因组 DNA 表观遗传变化的 MSAP 分析 [J]. 作物学报，35（4）：588-596.

刘纪原 . 2007. 中国航天诱变育种 [M]. 中国宇航出版社 .

刘强，尹翔，杨艳，等 . 2015. 白檀自然居群遗传结构与遗传多样性研究 [J]. 植物遗传资源学报，16（4）.

刘志英，李西良，齐晓，等 . 2015. 1950 年以来中国学者对苜蓿属的研究：历史脉络与启示 [J]. 草业学报，24（10）：58-69.

吕兑财，黄增信，赵亚丽，等 . 2008. 实践八号育种卫星搭载植物种子的空间辐射剂量分析 [J]. 核农学报，22（1）：5-8.

卢欣石 . 2015. 中国草产业的发展历程与机遇 [J]. 草地学报，23（1）：1-4.

邱新棉 . 2004. 植物空间诱变育种的现状与展望 [J]. 植物遗传资源学报，（3）：247-251.

任卫波，韩建国，张蕴薇，等 . 2006. 航天育种研究进展及其在草上的应用 [J]. 中国草地学报，28（5）：91-97.

任卫波，徐柱，陈立波，等 . 2008. 紫花苜蓿种子卫星搭载后其根尖细胞的生物学效应 [J]. 核农学报，22（5）：566-568.

尚晨，张月学，唐凤兰，等 . 2008. 高能混合粒子场和 γ 射线对紫花苜蓿的诱变效应 [J]. 草地学报，16（2）：125-128.

王亚玲，李晓芳，师尚礼，等 . 2007. 紫花苜蓿生产性能构成因子分析与评价 [J]. 中国草地学报，29（5）：8-15.

汪炳良，王世恒，等 . 2004. 飞船搭载番茄种子 SP1 的生物学效应 [J]. 核农学报，18（4）：311-313.

王黎明，李兴锋，刘树兵，等 . 2007. 小麦微卫星标记在中间偃麦草中通用性研究 [J]. 华北农学报，22（6）：50-52.

王蜜，魏建民，郭慧琴，等 . 2009. 紫花苜蓿空间诱变突变体筛选及其 RAPD 多态性分析（简报)[J]. 草地学报，17（60）：841-844.

许占友，邱丽娟，常汝镇，等 . 1999. 利用 SSR 标记鉴定大豆种质 [J]. 中国农业科学，32（S1）：40-48.

俞法明，严文潮，毛雪琴，等 . 2014. 利用空间诱变技术进行早籼稻新品种的改良 [J]. 核农学报，（6）：949-954.

杨红善，常根柱，包文生，等 . 2012. 紫花苜蓿航天诱变田间形态学变异研究 [J]. 草业学报，21（5）：222-228.

杨红善，于铁峰，常根柱，等 . 2014. 航苜 1 号紫花苜蓿多叶性状遗传特性及

分子标记检测 [J]. 中国草地学报，36（5）：46–50.

杨红善，常根柱，周学辉. 2015. 航天诱变航苜 1 号紫花苜蓿兰州品种比较试验 [J]. 草业学报，（9）：138–145.

袁庆华，桂枝，张文淑. 2001. 苜蓿基因组 DNA 提取和 RAPD 反应条件优选 [J]. 草地学报，9（2）：99–105.

张文娟，邓波，张蕴薇，等. 2010. 空间飞行对不同紫花苜蓿品种叶片显微结构的影响 [J]. 草地学报，18（2）：233–236.

张月学，刘杰淋，韩微波，等. 2009. 空间环境对紫花苜蓿的生物学效应 [J]. 核农学报，23（2）：266–269.

张怡，康俊梅，杨青川，等. 2013. 紫花苜蓿 MsPOD 基因的克隆及对拟南芥的转化 [J]. 中国草地学报，35（3）：6–11.

郑积荣，郑伟，谢甫绨，等. 2014. 大豆航天搭载 SP_4 代选择效果与 SP_2 代变异率相关性分析 [J]. 植物遗传资源学报，15（1）：192–195.

Diwan N, Bhagwat A A, Bauchan G B, et al. 1997.Simple sequence repeat DNA markers in alfalfa and perennial and annual Medicago species [J]. Genome, 40（6）：887-895.

Julier B, Flajoulot S, Barre P, et al. 2003.Construction of two genetic linkage maps in cultivated tetraploid alfalfa（Medicago sativa）using microsatellite and AFLP markers [J]. BMC Plant Biology, 3（1）：9.

Kovalchuk O, Burke P, Arkhipov A, et al. 2003.Genome hypermethylation in Pinus silvestris of Chernobyl—a mechanism for radiation adaptation? [J]. Mutation Research/Fundamental and Molecular Mechanisms of Mutagenesis, 529（1）：13-20.

Long L, Ou X, Liu J, et al. 2009.The spaceflight environment can induce transpositional activation of multiple endogenous transposable elements in a genotype-dependent manner in rice [J]. Journal of plant physiology, 166（18）：2 035-2 045.

Ou X, Long L, Wu Y, et al. 2010.Spaceflight-induced genetic and epigenetic changes in the rice（Oryza sativa L.）genome are independent of each other [J]. Genome, 53（7）：524-532.

Ou X, Long L, Zhang Y, et al. 2009.Spaceflight induces both transient and heritable alterations in DNA methylation and gene expression in rice (Oryza sativa L.) [J]. Mutation Research/fundamental & Molecular Mechanisms of Mutagenesis, 662 (1–2) :44-53.

Ren W B, Zhang Y W, Bo D, et al. 2010. Effect of space flight factors on alfalfa seeds [J]. African Journal of Biotechnology, 9 (43) : 7 273-7 279.

Wei L J, Xu J L, Wang J M, et al. 2006.A comparative study on mutagenic effects of space flight and irradiation of γ-rays on rice [J]. Agricultural Sciences in China, 5 (11) : 812-819.

Wu, Jin-Zhong, et al. 2007. Evaluation of the quality of lotus seed of Nelumbo nucifera Gaertn from outer space mutation. Food chemistry 105.2 : 540-547.

Xu Y Y, Jia J F, Wang J B, et al. 1999.Changes in is enzymes and amino acids in forage and germination of the first post-fight generation of seeds of three legume species after spaceflight [J]. Grass and forage sciences, 54:371-375

Zhang M, Liang S, Hang X, et al. 2011. Identification of heavy-ion radiation-induced microRNAs in rice [J]. Advances in Space Research, 47 (6) : 1 054-1 061.

第七章　空间诱变在苜蓿育种中的应用

第一节　空间诱变苜蓿变异材料的筛选与鉴定

苜蓿是重要的豆科牧草，发展苜蓿生产，尤其对提高牛奶产量和质量具有重要意义。良种是苜蓿高效生产的物质基础。然而，我国当前本土育成的苜蓿品种相对较少，不能满足我国广大苜蓿产区不同生态条件特点的需求。空间诱变变异材料的选择与鉴定在苜蓿育种中占有举足轻重的位置，进行突变体的早期分离鉴定、筛选是获得有益变异的重要途径，目前常用的方法有以下几种方法。

一、形态学方法筛选与鉴定苜蓿空间诱变变异材料

形态学筛选与鉴定方法主要是对搭载前与搭载后的材料在苗期性状、产量相关性状、品质性状、种子产量性状与抗逆性、抗病虫性状等方面的观察与评价，从中筛选出具有原材料不具备的性状或某一数量性状表达量显著高于或低于原材料的突变体。这类形态学性状用肉眼即可识别和观察，广义的形态学性状还包括那些借助简单测试即可识别的性状，如生理性状、繁殖特性、抗逆性等。杨红善等（2014）通过对航天诱变苜蓿连续四代多叶性状的遗传规律及多叶率、草产量、营养成分、氨基酸、微量元素等指标与对照相比较的优越性，选育航苜一号苜蓿新品种。黑龙江省农业科学院（2013，2014，2015）采用我国第18颗返回式卫星搭载肇东苜蓿、龙牧803等苜蓿品种，通过多年对形态、品质、种子产量等性状的筛选获得了农菁8号、农菁10号和农菁14号等一系列苜蓿新品种及性状优异新品系。柴小琴等（2016）对航苜1号进行2次搭载，通过形态数据评价获得了优异突变体材料。从2004年开始，对苜蓿诱变后的不同品系进行了子叶形态、苗期性状、多分枝、株高、生长速率、产草量、耐盐性等多方面的评价、筛选与鉴定，获得了重要的进展。

空间搭载对苜蓿农艺性状有显著影响，其株高、初级分枝数、单株生物

量、干草产量均显著提高（$P<0.05$），茎叶比显著降低（$P<0.05$），干鲜比无显著变化（图7-1）。

从500多个搭载单株中，筛选15个单株，在株高、分枝数、鲜重、干重4个指标中至少有1个指标符合条件。经过综合考虑，最终筛选获得5株高产变异材料，入选率1%。

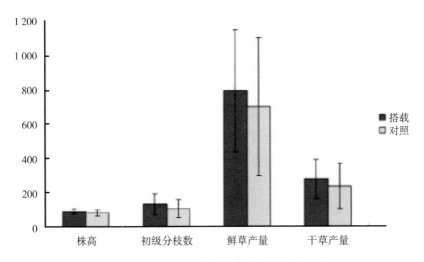

图7-1　空间诱变对紫花苜蓿产量性状的影响

表7-1　高产变异材料产量性状分析

名称	株高（cm）	分枝数（g）	鲜重（g）	干重（g）	特征
对照	91.45	129.7	789.4	276.6	
S4-7-1-8	98	407	2 269	588	多分枝、高产
S4-5-1-6	100	315	2 191	640	多分枝、高产
S4-5-8-1	117	283	2 634	783	高产
S4-4-1-8	101	204	1 824	634	高产

形态学方法直观、可靠、检测周期长，往往能获得稳定的突变性状，但筛选周期长是限制其种子繁殖、育种应用的重要因素，过长的育种周期还会使育种者丧失耐心，而选择其他育种途径。这种极长的筛选周期来源于配子体变异基因，在减数分裂中会自发丢失，这一规律决定突变体必须经过3~4代才能得到较为稳定的基因型。另外，由于突变的发生具有很强的随机性，因而存在

发生了的突变较难进行准确、高效的形态学筛选与检测。

二、诱变和离体培养相结合的方法筛选苜蓿空间诱变变异材料

空间诱变可以使搭载卫星进入太空的植物材料发生在地面用各类诱变方法难以诱发的基因突变，产生各类新颖的性状变异。然而，由于基因突变的类型各异，且牧草大多为多倍体，使得变异性状的遗传控制模式更为复杂，所以，导致空间诱变产生的各类新颖性状容易在繁育过程中发生分离和丢失。空间诱变与离体培养技术相结合方法，一方面可以在室内快速分离和显现细胞突变，快速繁殖纯合突变体，避免大田筛选突变体的盲目性、工作量大和周期长等缺点；另一方面可以人为控制作物的生长环境，创造一定的胁迫条件，从而有效的筛选出抗性优异材料。由于室内条件的限制，对某些突变性状难以进行有效的筛选，且进行筛选的规模也有限制，难以实现大规模的筛选。可将田间形态学筛选和离体培养技术结合起来，在田间筛选到突变株的基础上，对突变株进行进一步的室内快速筛选，以鉴定其突变特性。

陈志伟等利用供试大麦品系的种子搭载卫星上天，返回地面后种植于大田，取其植株花药中的小孢子单倍体细胞，进行高盐、低氮、缺水、病菌毒素等胁迫因子的离体培养，筛选出携带抗性变异基因的胚状体，再经胁迫分化培养，获得具相应抗性的再生苗，通过染色体自然或人工加倍，获得加倍单倍体纯合抗性再生植株，自交一代经大田的高盐、低氮、缺水、病菌接种鉴定，筛选出抗盐、耐低氮、抗旱、抗病能力明显提高的优异新种质，通过进一步的综合农艺性状考察，即可以在年内获得耐盐、节肥、抗旱、抗病新品系。应用该创新技术，已育成"太空大麦"和"空诱啤麦号"。2份品种的主要优点是丰产、耐盐，制啤品质明显比主栽大麦品种好，并且获得了一批节肥、耐旱、抗病能力明显提高的大麦新品系。郭慧琴、任卫波等（2013）为了揭示空间诱变对苜蓿耐盐能力的影响，以搭载种子、未搭载对照及耐盐品种中苜1号为材料，开展了盐胁迫下苜蓿种子发芽及其再生能力的变化研究。结果表明，卫星搭载后，苜蓿耐盐性显著增强，主要表现为250 mM NaCl胁迫下种子发芽率增加25.7%，发芽时间缩短，子叶畸变率低。与此同时，飞行苗组培再生能力显著增强，表现为愈伤诱导、胚状体诱导、不定芽形成及根分化的数量和质量显著高于未搭载对照及中苜1号。通过盐胁迫条件下组培筛选，最终获得3株耐盐变异材料。

三、生理生化方法筛选苜蓿空间诱变变异材料

酶是基因表达的产物，同工酶谱的差别从一个侧面反映了不同材料之间基因型的差异。通过检测诱变植株体内的蛋白质含量、同工酶及过氧化物酶等的活性，可以从突变库中有效的筛选出突变体。利用酶分析技术对诱变后代的变异植株进行初步筛选，可以减少分子生物学检测的盲目性和工作量，为快速、有效地分析诱变后代基因组分子标记的检测结果奠定了基础。

有研究发现，与对照相比所有柑橘无核突变系叶片的过氧化物酶酶谱少了一条带，因而认为过氧化物酶酶谱带数的多少可以作为突变体早期选择和鉴定的生化指标。杜连莹等（2010）利用"实践八号"卫星搭载的 WL232、WL323HQ、Be Za87、Pleven6、龙牧 801 苜蓿、龙牧 803 苜蓿、肇东苜蓿、草原1 号等 8 个苜蓿品种进行生理生化研究表明，航天搭载后，WL232、WL323HQ、Be Za87、Pleven6、龙牧 801、龙牧 803、肇东、草原 1 号 8 个品种苜蓿叶片内 POD 活性和可溶性蛋白含量均高于对照组，而超氧化物歧化酶（SOD）活性均低于对照组。所以 8 个苜蓿品种分别通过提高自身的 POD 活性和可溶性蛋白含量以及降低 SOD 活性来抵抗逆境对其造成的伤害。马学敏等对空间诱变不同含水量苜蓿的生理生化指标分析发现，卫星搭载组各水分含量间的保护酶活性随水分含量增加呈现上升的变化，其中含水量和搭载组的酶活性相对于地面对照组显著的升高，含水量在分枝期的活性比对照增高，各水分含量间 MDA含量的变化不显著。这可能是空间环境引起基因表达方面的改变，激活了保护酶系统，高的保护酶活性有利于诱变损伤的修复，维持细胞膜内自由基代谢平衡。李晶、任卫波等为了探索空间诱变环境对紫花苜蓿生理生化活动的影响，利用分光光度计和聚丙烯酰胺垂直板电泳法对卫星搭载紫花苜蓿过氧化物同工酶酶带及酶浓度进行研究。结果表明，经过卫星搭载后，紫花苜蓿过氧化物酶活性提高 18%，这可能是由于种子在飞行过程中受到重粒子辐射、微重力、极端温度等特殊环境刺激，使得种子内部活性氧大量累积，从而导致过氧化物酶活性上调。同时电泳结果还发现，搭载后过氧化物酶酶带发生显著变化，表现为新酶带的增加，这表明空间飞行因子不仅可以刺激酶活性的上调，还可以改变酶组成。从而证明空间环境辐射使苜蓿的遗传物质发生了一定的变化，在基因结构或 DNA 的某些区域上可能发生了变异。

四、细胞学方法筛选苜蓿空间诱变变异材料

细胞学方法观察突变植株能够明确显示遗传多态性的细胞学特征。染色体的结构特征和数量特征是两个常见的细胞学标记，它们分别反映了染色体的长度、着丝粒位置和随体的有无、染色体整倍性和非整倍性变异等，由此反映出染色体结构上和数量上的遗传多态性。

王长山等利用第 18 颗返回式卫星搭载的龙牧 803 紫花苜蓿和肇东苜蓿观察其染色体的异常研究其细胞学效应。结果表明，空间环境能促进苜蓿细胞的有丝分裂活动，对有丝分裂细胞染色体具有明显的致畸作用，可诱发染色体结构变异。经空间诱变的苜蓿有丝分裂细胞染色体畸变细胞率显著高于对照组。杜连莹等利用实践八号卫星搭载的 WL232、WL323HQ、Be Za87、Pleven6、龙牧 801 苜蓿、龙牧 803 苜蓿、肇东苜蓿、草原 1 号等 8 个苜蓿品种进行细胞学研究表明：空间诱变提高了 WL232、WL323HQ、Be Za87、Pleven6、龙牧 801、龙牧 803、肇东、草原 1 号 8 个品种苜蓿的有丝分裂指数。并且这 8 个苜蓿品种染色体发生了不同类型的畸变，包括染色体断片、染色体粘连、游离染色体、落后染色体、染色体单桥等多种畸变类型。其中以染色体断片所占比率最大。任卫波等对"实践八号"育种卫星搭载的 3 个苜蓿品系进行了染色体分析，结果表明卫星搭载对细胞的正常有丝分裂表现为促进（品系 2、品系 4）或抑制（品系 1）。搭载种子根尖细胞染色体出现了微核、染色体桥、断片、落后等畸变类型，畸变频率因搭载材料的诱变敏感性差异而不同。卫星搭载苜蓿种子对其根尖细胞有显著的诱变效应。

五、分子标记法筛选苜蓿空间诱变变异材料

DNA 是遗传信息的载体，遗传信息包含于 DNA 的碱基排列顺序之中。因此，应用现代分子生物学方法直接对 DNA 碱基序列的分析和比较是揭示植株是否发生遗传变异的最理想最直接的方法。利用分子标记开展重要农艺性状和产量性状的定位是分子辅助育种的重要基础研究，而分子标记的开发则是分子辅助育种的基础。分子标记仅仅能用于简单性状的改良，很少有针对数量性状的分子辅助育种实践。从 20 世纪 90 年代开始分子标记辅助育种进入实际的应用时期。到目前为止，分子标记的类型经历了 3 个发展阶段。首先是以限制性酶为基础，以 Southern 杂交技术为核心的分子标记，如 RFLP，这类分子

标记被称为第一代分子标记。以 PCR 技术为核心的分子标记，如 STS、RAPD、AFLP、SSR、ISSR 等是第二代分子标记。近年来，随着作物基因组测序的全面开展和相关植物基因组测序的相继完成，以序列为基础的 SNP 标记展现了巨大的利用潜力，成为第三代分子标记的代表。这些高通量的分子标记已经被广泛用于标记的辅助选择、回交选择和轮回选择中，下面主要介绍以下 4 种分子标记。

1. RAPD（Random Ampilfered Polymorphic DNA）

随机扩增多态性 DNA，是 Williams 等于 1990 年建立的。它以 PCR 技术为背景，以人工合成的随机排列寡核苷酸单链为引物，对所研究的基因组 DNA 进行 PCR 扩增，产生多态性的 RAPD 片段，这些扩增片段的多态性反映了基因组相应区域的多态性。王蜜等（2009）通过对实践八号卫星搭载的苜蓿进行多态性分析发现，经过卫星搭载后，部分紫花苜蓿的遗传位点发生较大改变，3 个品系间多态带数与多态带率存在差异。品系 1（103.71%）的多态带率最高，品系 2 最低（82.58%），品系 4 居中（98.69%）。

2. SSR（Simple Sequence Repeat）

SSR 即简单重复序列，也叫微卫星（Microsatellite），是一种以 2~5 个核苷酸为重复单位串联组成的长达几十个核苷酸的序列。1982 年由 Hamade 提出，被认为是第二代分子标记。SSR 广泛分布于整个真核生物基因组的不同座位上，由于在各个座位上重复单位的数量可能不完全相同，因而形成多态性，即 SSR 分子标记。范润钧等（2010）通过对航天诱变材料 SSR 分析发现航天搭载可导致被搭载的多个紫花苜蓿种子基因组产生变异，有些甚至出现多个等位基因变异。224 个 SP1 植株中，56 株（总株数的 25%）的基因组 DNA 可扩增出与地面对照不同的差异带，其中有 13 株具 3 个以上多态性等位基因，占总株数的 5.81%。用分子标记技术分析了航天搭载后种子长出的第一代植株、后继世代以及选育出的多个稳定突变株系基因组的多态性，跟踪分析突变株系基因组多态性来源、特点及其在世代之间的遗传；对其中具有植株较高、叶色较深、叶片较大、多叶等 4 个主要变异性状的突变植株进行图谱分析，以了解空间诱变的基因组变化特点和规律，为空间诱变手段在育种中的应用提供一定的依据。

3. ISSR（Inter-simple Sequence Repeats）

即简单重复序列区间 DNA 标记，是由 Zietkiewicz 等于 1994 年创建的一种基于 PCR 的分子标记技术。该技术以 SSR（Simple Sequence Repeat）寡核苷酸作引物，对 2 个相距较近、方向相反的 SSR 序列之间的一段短 DNA 片段进行扩增。ISSR 标记为随机引物，引物设计简单，不需知道 DNA 序列即可用引物进行扩增，呈孟德尔式遗传，具显性或共显性特点。任卫波等在前期研究的基础上，结合田间观测和室内 ISSR 等方法，开展苜蓿空间诱变高产变异株系筛选及其相关分子标记研发研究。

4. SRAP（Sequence—related amplified polymorphism）

SRAP 是由美国加州大学蔬菜系 Li 与 Quiros 博士于 2001 年在芸薹属作物开发出来的，该标记具有简便、高效、产率高、高共显性、重复性好、易测序、便于克隆目标片段的特点。目前已成功地应用于作物遗传多样性分析、遗传图谱的构建、重要性状的标记以及相关基因的克隆等方面。杨红善等为检测航天搭载后第一代（SP1）植株是否发生基因变异及在 SP2–SP4 代变异能否稳定遗传，连续四代分别采样，采用 SRAP 分子标记法进行检测，结果表明：SP1 代与未搭载原品种（CK）相比基因组 DNA 扩增出不同的差异带，分别为缺失 1 条带，大小约 550 bp，增加 1 条带，大小约 100 bp，在 DNA 上产生了变异，并且在 SP2、SP3、SP4 代稳定遗传。

第二节　紫花苜蓿新品种选育

一、草类植物的空间诱变育种

在牧草育种方面，曾经用卫星搭载过红豆草、苜蓿、沙打旺、冰草、野牛草、胡枝子、新麦草等。1994 年兰州大学用卫星搭载了红豆草、苜蓿和沙打旺 3 种豆科牧草，返地后，对其田间生长情况、发芽率、耐盐、耐旱和同工酶等几个方面作了初步的研究。红豆草的 SP1 代在第 1 年生长情况没有明显差别，在第 2 年发现 SP1 代长势明显不同对照，表现在花期和生长期延长以及抗病性增强，过氧化物酶形式的增多；苜蓿播种后，SP1 代出苗整齐，成活率也较高，淀粉酶带减少；沙打旺 SP1 代明显抗病，同工酶改变主要集中于花和幼花序中的酶上，在带的活性、迁移率、带的数目上都有变化。这是牧草航天诱变的第一篇报道。中国农业科学院畜牧研究所将航天沙打旺与野生沙打旺杂交，获得了性状优良的早熟品系。中国农业科学院草原研究所利用神舟三号和神舟四号搭载了 13 个牧草品种，此后又在第十八号科学实验卫星中搭载了 10 个种的 17 个品种，包括紫花苜蓿、冰草、野牛草、胡枝子、新麦草等（表 7-2）。

表 7-2 草类植物的空间诱变育种进展

年份	研究机构	搭载卫星	搭载材料
1994	兰州大学	940703 返地卫星	红豆草、苜蓿和沙打旺
1996	中国农业科学院畜牧研究所	尖兵一号返回式卫星	沙打旺
2002	中国农业大学草原研究所	神舟三号	早熟禾，紫花苜蓿
2002	中国农业大学草原研究所	神舟四号	紫花苜蓿、冰草、野牛草、胡枝子、新麦草等
2003	中国农业大学、南京林业大学	第十八号科学实验卫星	结缕草、狗牙根、假俭草和高羊茅、苜蓿、胡枝子等
2006	138 个科研院所、大学及企业单位的 224 个课题组	实践卫星八号	苜蓿等 52 种植物、微生物和动物等 2 020 份生物品种材料
2011	中国农业大学草原研究所	神舟八号	中草三号紫花苜蓿
2013	甘肃省航天育种工程技术研究中心	神舟十号	二次搭载航苜一号等

二、苜蓿的空间诱变育种

在苜蓿育种方面，黑龙江省农科院（2013，2014，2015）采用我国第 18 颗返回式卫星搭载肇东苜蓿、龙牧 803 等苜蓿品种，获得了农菁 8 号、农菁 10 号和农菁 14 号等一系列苜蓿新品种及性状优异的新品系。杨红善等（2014）通过神舟 3 号飞船将"三得利紫花苜蓿"空间搭载后选育出"航苜 1 号"紫花苜蓿新品种，该品种表现为多叶率高、产草量高和营养含量高等优良特性。其他一些单位如中国农业科学院草原研究所等也进行了大量苜蓿空间诱变方面的研究，并取得了相应的进展（表 7-3）。

表 7-3　空间诱变育成的苜蓿品种

品种名称	品种特性	品种的生态适应性
农菁 8 号紫花苜蓿	抗寒性强、优质、高产、适应广	一般栽培条件较好的地区均可种植，尤以黑龙江省北部高纬高寒地区及内蒙古呼盟等地更为适宜
农菁 10 号紫花苜蓿	抗寒性强、耐盐碱性强、抗旱性强	耐 −40℃低温，春季返青率达到 95%，在 pH 值为 8.0 左右的碱性土壤上生长良好，在年均降水量为 350~400 mm 地区，在无灌溉的条件下仍能生长。种植适应范围较广，适宜在黑龙江省各地及毗邻省区推广种植。
农菁 14 号紫花苜蓿	高产、抗逆性强	该品种出苗至成熟生育日数 120 d 左右，适合在 ≥ 10℃活动积温 2 000~2 700℃地区生长
航苜 1 号紫花苜蓿	优质、丰产，多叶	产草量高和营养物质含量高、多叶率高（以 5 叶为主），其多叶率明显高于国外多叶型苜蓿品种，草产量和营养成分明显高于未搭载原品种和其他对照

　　紫花苜蓿航天诱变育种研究及农菁系列和航苜 1 号等新品种的选育成功，为我国牧草诱变育种构建了重要的科研基础平台，丰富了牧草育种材料，拓展了牧草育种技术、领域，对加快草牧业发展具有特殊意义。

参考文献

耿华珠 . 1995. 中国苜蓿 [M]. 中国农业出版社 .

韩微波，张月学，唐凤兰，等 . 2015. 卫星搭载选育紫花苜蓿品种农菁 10 号 [J]. 黑龙江农业科学（1）：168–169.

何新天 . 2013. 中国草业统计 [M]. 北京：中国农业出版社 .

刘凤歧，唐凤兰，张月学，等 . 2013. 紫花苜蓿新品种农菁 8 号的选育及高产栽培技术 [J]. 黑龙江农业科学（4）：153–154.

刘杰淋，唐凤兰，张月学，等 . 2014. 紫花苜蓿新品种农菁 14 的选育及栽培技术 [J]. 黑龙江农业科学（11）：173–173.

杨红善，于铁峰，常根柱，等 . 2014. 航苜 1 号紫花苜蓿多叶性状遗传特性及分子标记检测 [J]. 中国草地学报，36（5）：46–50.

杨青川，康俊梅，张铁军，等 . 2016. 苜蓿种质资源的分布、育种与利用 [J]. 科学通报（2）：261–270.

Li X H, Wei Y L, Moore K J, et al. 2011. Association mapping of biomass yield and stem composition in a tetraploid alfalfa breeding population [J]. Plant Genome, 4（1）：24-35.

第八章　紫花苜蓿空间诱变的存在问题
与发展趋势

作为最重要的豆科牧草，紫花苜蓿空间诱变研究及其应用工作得到了科研人员、牧草育种家的重视和努力发展，已成为牧草空间诱变研究领域中发展最快、成效最为显著的部分。我国的紫花苜蓿空间诱变研究工作，在国家科技支撑项目、国家自然基金项目等国家级科技计划类项目以及各类地方科技项目的支持下，从 1994 年到 2016 年经过近 20 多年的发展，在搭载苜蓿材料选择、诱变方法、诱变机理、有益突变体鉴定筛选及新品种选育等方面均取得了显著成效。通过前期研究，我们不仅基本摸清了紫花苜蓿空间诱变突变体的变异类型、突变概率及其遗传规律，还从组织器官、生理生化、基因位点多态性、变异基因功能、表观遗传调控等多层次多角度对苜蓿空间诱变变异的机理进行了初步探索，最后通过有益变异材料的筛选和杂交，培育出了包括"航苜 1 号"多叶苜蓿等在内的紫花苜蓿新品种。然而，与小麦、水稻、大豆等重要农作物相比，紫花苜蓿空间诱变研究工作仍处于起步阶段，还存在研究基础相对比较薄弱、诱变技术和方法还不够成熟、诱变变异分子机理不够清晰、突变体筛选技术和方法不够高效、育成的新品种数量少等问题。

现代航天技术、生物技术、大数据分析技术的快速发展为紫花苜蓿空间诱变变异研究及其应用提供了前所未有的发展机遇。为此，我们应紧抓当前有利机遇，大力加强紫花苜蓿空间诱变研究，进一步完善诱变技术和方法；充分利用生物大数据资源、组学和表观遗传学等相关技术方法，系统深入的探索诱变变异产生的分子机理及其表观遗传学基础，开发基于分子标记辅助选择的高效分子育种技术方法和体系，提高突变体的筛选效率，缩短新品种培育进程，同时结合国家重大需求，加速开发优质、抗逆、高产及特色新品种，为我国农业产业结构调整和升级提供有力支撑。

第一节　紫花苜蓿空间诱变的存在问题

作为一种新兴的诱变技术和方法，尽管紫花苜蓿空间诱变在我国已取得长足的发展，但仍受限于昂贵的搭载成本、多变的空间诱变环境、薄弱的前期研究基础，加上苜蓿自身复杂的遗传背景、缺少全基因组信息支撑、经费支持和研究力量不足等诸多因素制约，大大限制了苜蓿空间诱变研究的发展与应用，亟待进一步深化和完善。当前存在的突出问题主要体现在以下几个方面。

一、空间搭载成本高、诱变环境多变

目前紫花苜蓿空间诱变多数情况下是利用我国自主研发与发射的返回式卫星、神舟系列飞船等航天器，将诱变材料带入近地空间进行诱变处理。首先由于航天器的建造和发射成本极为昂贵，导致诱变材料的搭载成本很高，平均每克植物材料的单次搭载费用高达几百元，受限于费用，可搭载的诱变材料种类和数量也较少，从而影响了该诱变方法的广泛推广和应用。其次，由于每次近地空间飞行时间较短，一般短的只有几天，长的也不超过几周，搭载材料在空间环境下停留的时间偏短，诱变效果受到影响。最后由于每次飞行的任务目标不同，航天器的飞行轨道、时间、舱内高能粒子种类、辐射强度均不相同，导致搭载材料的诱变环境因素多变，所以每次诱变的实际效果均不相同。

二、诱变材料选择存在盲目性和随机性

目前，我国紫花苜蓿空间诱变材料形式单一，遗传背景复杂。

（1）我国紫花苜蓿空间诱变多数情况下采用的是处于休眠状态的干种子，种胚生物活性低、对诱变敏感性差；且种子处于种皮的严密保护下，宇宙重粒子需要击穿种皮才能进入种子内部，因此多数粒子被阻挡在种子表皮，只有少量的重离子才能到达种子内部，产生级联的诱变效应，从而导致诱变效果不佳。

（2）搭载的苜蓿材料多选用国内外的育成品种，品种杂且质量参差不齐，加上紫花苜蓿具有异花授粉、自交不亲和等生物学特性，同一品种内遗传背景较为复杂，诱变产生的变异被掩盖在群体内自身的表型差异中，从而影响了变异材料的筛选与分析。

（3）搭载材料的选择缺乏指导 已有的研究表明，不同品种的苜蓿对空间诱变的敏感性存在显著差异，有的品种诱变敏感性高，搭载后容易出现各种表型变异；有的品种则敏感性较低，经过空间搭载后，群体内个体的变异类型较少。到底哪些品种对空间诱变更为敏感？造成这些敏感性差异的原因和机理是什么？目前我们尚不够清楚，导致我们开展苜蓿空间诱变时，材料的选择往往存在盲目性和随机性。

三、诱变技术和方法还不够成熟

当前紫花苜蓿空间诱变研究尚处于起步探索阶段，诱变的技术和方法相对较为粗放简单，尚未形成完善的诱变技术和方法。例如选择什么基因型的苜蓿材料进行空间搭载，诱变效率更高？空间搭载前采用什么试剂、怎么进行预处理才能有效提高空间诱变效率？空间飞行结束后，如何对搭载材料进行后处理，才能有效抑制植物自身的修复作用，最大限度保持诱变效果？在搭载飞行过程中，飞行时间、飞行高度、重粒子辐射、微重力、高真空等单一因素与复合因素对苜蓿空间诱变效果有什么影响？紫花苜蓿基因组上是否存在空间诱变的敏感热点区域？这些热点区域与各种变异表型的产生有什么联系？如何有效的鉴别个体的表型差异是由品种内原有的差异引起还是因空间诱变导致的基因突变引起？苜蓿个体种植在野外环境下，极易受到环境因素的影响，如何有效的排除环境因素对苜蓿个体表型的影响？解决上述这些问题，对于进一步完善空间诱变技术和方法是十分重要的。

四、地面模拟诱变研究滞后

地面模拟诱变是指在地面利用各种航天模拟器，通过模拟空间重粒子辐射、微重力、高真空等近地空间飞行环境来对紫花苜蓿种子进行诱变的技术。与空间搭载诱变相比，该方法具有诱变成本高、诱变环境精确可控等优点。近些年来在植物育种中得到广泛应用，也常被用于空间诱变机理研究，以解析不同空间诱变因子对紫花苜蓿的诱变效应。我国在紫花苜蓿地面模拟空间诱变方面的研究相对较为薄弱，不仅相关的研究报道数量较少，且多集中在单一重粒子对苜蓿种子的诱变效应上，针对重粒子、微重力、高真空、强机械振动等多因子模拟复合诱变效应的研究相对较少，有待进一步加强。

五、空间诱变变异的分子机理不够清晰

空间诱变突变体突变性状的产生往往是由诸多基因参与的多个代谢调控途径共同作用的结果。然而，目前受研究技术、方法和前期基础的影响，我们对诱变变异产生的分子机理了解不够清晰。其主要原因如下。

（1）突变基因的精确定位是开展其功能分析，揭示诱变变异分子基础的关键第一步。多数情况空间诱变产生的突变性状为数量遗传性状，受多个微效基因控制，但由于紫花苜蓿为四倍体，具有自交不亲和、异花授粉等生物学特性，其群体遗传背景较为复杂，受限于多倍体数量遗传学研究方法和数据分析手段，关键数量性状 QTL 定位和功能分析较为困难，控制突变的 QTL 位点很难快速地被精确定位和分析。

（2）已有的研究多数集中在空间诱变突变体的基因位点多态性、突变群体遗传结构的分析等方面，这些分析虽然初步揭示了空间诱变对搭载材料基因组的影响，但由于缺乏对突变基因的针对性分析，对突变性状产生的遗传基础尚不清楚。近些年来虽然有少量研究开展了变异基因的分析，但这些研究主要是针对单个突变基因进行定位、克隆和功能分析，导致我们对空间诱变变异性状形成的分子调控机理的了解仅限于孤立的几个节点，对突变个体变异性状形成的整个代谢通路以及分子互作网络的了解知之甚少。

（3）参考基因组是高效开展基因功能分析的重要基础。目前紫花苜蓿全基因组测序工作尚未完成，紫花苜蓿的参考基因组序列也未公布，缺少参考基因组序列信息和功能基因注释信息的支持，转录组、蛋白组等高通量基因分析技术和方法在苜蓿空间诱变基因挖掘、功能分析以及代谢途径方面的应用只能通过与同源的其他物种的参考基因组进行比较，来对相关差异基因进行同源注释和代谢通路分析，分析结果的准确性和可靠性均存在不足，分析结果的参考效果也会大打折扣，从而导致空间诱变变异产生的分子机理研究进展缓慢，难以满足快速发展的空间诱变育种工作的需求。

（4）基于 DNA 甲基化、组蛋白修饰的表观遗传调控是植物快速响应环境刺激，调控个体表型的重要分子调控机制。已有的研究发现，空间诱变对紫花苜蓿 DNA 甲基化状态有显著影响，经过空间搭载后，紫花苜蓿群体的甲基化水平呈上升趋势，这表明基于 DNA 甲基化的表观遗传调控机制参与了植物对空间诱变环境的响应，因此也可能是导致空间诱变变异产生和维持的重要分子

调控途径之一。然而，目前有关 DNA 甲基化与紫花苜蓿空间诱变的研究相对较少，已有的研究仅是对紫花苜蓿的基因组甲基化状态进行了初步分析，针对关键基因启动子区、编码区的甲基化状态变化及其对相应基因表达与功能影响的研究相对少见报道，因此这些基因位点 DNA 甲基化状态的变化能否引起相关基因差异表达？基因的差异表达能否导致相关基因功能沉默或加强？这些基因功能的变化影响了哪些代谢途径和生理生化过程？这些被影响的生理过程又是如何引起苜蓿个体表型变异的？这些特异的 DNA 甲基化位点能否通过有性生殖传递到子代以维持变异表型？解答这些问题，对于系统深入的阐明空间诱变变异形成和维持的表观遗传机制具有重要作用。

六、突变体筛选技术和方法不够高效

目前空间诱变突变体筛选主要以传统的田间表型评价鉴定方法为主。田间评价鉴定方法有鉴定效果好、鉴定结果可直接用于新品系选育、指导和参考意义大等优点，然而同时也存在以下几个缺点，亟待优化。

（1）鉴定周期长。紫花苜蓿是多年生牧草，种植后第 3 年才能达到其产量的高峰期。因此当需要鉴定与高产相关的关键性状突变体时，突变材料一般需要连续观测 3 年甚至更长时间，整体的鉴定周期偏长。

（2）难以发现隐性突变。已有的研究表明，多数空间诱变变异属于隐性基因控制的性状，一般在搭载当代变异表型很难表现出来，往往需要通过自交获得搭载二代材料，经过减数分裂和基因分离，才能获得隐性基因纯合的个体，从而在田间发现其变异表型。

（3）鉴定结果易受环境因素影响。田间鉴定评价过程中，诱变材料种植在野外环境下，其表型往往容易受到土壤养分、水分、光照、病虫害以及年际间的气候波动等多种环境因素的影响，这些影响又会对诱变材料变异性状的筛选带来影响或误导。

（4）鉴定成本高。田间鉴定过程中，我们往往需要种植成千上万的诱变材料，通过连续多年、每年多次的反复筛选，才能最终确定某个有益的变异表型为可遗传变异，这期间需要投入大量的人力物力，筛选鉴定的成本居高不下。

（5）多世代遗传稳定性鉴定。田间鉴定的目的在于筛选获得可稳定遗传的有益突变体。因此，田间鉴定获得的突变体还需要对其后代进行变异性状的遗传稳定性鉴定。在诱变当代通过多年鉴定发现的突变体，需要单株隔离收种，建立后代株系，从中筛选变异性状稳定的材料，单独隔离收种，重复上述过程，直至变异变型完全稳定，且田间表现基本一致，表现出良好的遗传稳定性。这中间既需要大量的时间，也需要投入大量的人力物力。如何建立高效的突变体筛选技术体系，既能获得稳定可靠的变异表型，又能缩短鉴定筛选时间，减少筛选个体数量和筛选世代，从而节约大量的人力物力，是开展紫花苜蓿空间诱变研究中亟待解决的关键技术问题。

七、研究力量较为薄弱，有重大影响力的成果少

与小麦、水稻、玉米、大豆等大宗作物和蔬菜、花卉等园艺作物相比，我国紫花苜蓿空间诱变研究参与单位少、科研力量较为薄弱，形成的研究成果数量和质量也有待提高。具体体现在以下两个方面。

（1）在研发力量和团队方面，目前从事紫花苜蓿空间诱变研究的科研团队相对较少，研究力量主要集中在中国科学院植物研究所、兰州大学、中国农业大学、中国农业科学院北京畜牧与兽医研究所、中国农业科学院草原研究所、中国农业科学院兰州畜牧与兽药研究所、黑龙江农业科学院草业研究所等几家涉农科研院所和高校，总体创新和研发能力相对薄弱。作为科技创新的主要力量，相关知名企业尤其是育种公司的参与程度相对较低，未充分发挥企业的创新作用和其优化资源配置的功能，导致科研单位或高校完成前期的有益突变体筛选、鉴定工作后，后期空间诱变新品种选育、良种繁育、良种配套栽培管理技术、良种宣传、快速推广与应用工作进程缓慢。

（2）在研究成果方面，前期相关研究主要集中在苜蓿空间诱变效应评价、诱变技术和方法等方面的初步探索上，形成的前期理论成果多，以科技论文和少量技术专利为主，形成的可对苜蓿实际生产具有重要影响力的成果少，尤其是形成可推广利用的紫花苜蓿新品种少，从而限制了苜蓿空间诱变成果在实际生产中的大面积推广应用。

总而言之，尽管近10年来，我国紫花苜蓿空间诱变研究发展迅速，初步形成了多支研发团队，在诱变机理、诱变技术和方法、诱变特性及其遗传规律等方面形成了一定的积累，为今后深入开展紫花苜蓿空间诱变研究提供了良好的发展基础。然而，由于苜蓿空间诱变研究起步晚、经费和研发力量投入有限，加之紫花苜蓿为多年生牧草、自身遗传背景复杂等因素，苜蓿空间诱变研究总体上尚处于起步发展阶段，空间诱变产生的关键因素及其影响机制、空间

诱变有益突变变异基因功能分析及其分子调控途径与网络有待进一步深入挖掘，以丰富苜蓿空间诱变的相关理论和方法，为建立高效的苜蓿空间诱变和突变体筛选技术体系，大幅提高诱变效率提供科学依据和支撑，丰富和推动苜蓿功能基因组学研究。空间诱变技术和方法有待进一步完善，尤其是诱变材料的筛选、诱变预处理和后处理技术和方法、突变体高效筛选方法尤其是分子标记辅助选择技术等方面亟待发展和完善，以推动苜蓿空间诱变技术流程的标准化、诱变效果的可预期化和诱变效率的最大化。空间诱变研究经费和人力投入有待进一步加强，以推动苜蓿空间诱变研究的快速发展、有影响力重大成果的选育与推广应用。

第二节　紫花苜蓿空间诱变的发展趋势

随着航天技术和现代生物技术的发展，空间搭载成本的显著降低以及相关研究的深入，空间诱变技术和方法将会逐步完善和成熟。随着测序成本的大幅降低，相关领域的研究正在产生海量的生物数据。基于海量生物大数据分析与组学技术方法开展的紫花苜蓿空间诱变变异分子机理研究，将推动相关研究实现由单个基因控制的节点分析向大量基因调控的代谢途径及互作网络分析的转变，实现由基因位点多态性及点突变向基因突变与基因印迹并重的转变，为从经典遗传学和表观遗传学等两个角度，系统深入的揭示紫花苜蓿空间诱变变异分子机理提供了新理论、新知识和新证据。未来紫花苜蓿空间诱变研究的发展趋势和研究热点可能体现在以下几个方面。

一、空间诱变材料的筛选

随着航天技术的发展，航天器的建造和飞行成本会逐步降低，开展空间诱变研究的搭载成本也会逐步降低，这就为未来更多的苜蓿材料进入近地空间进行诱变提供了机遇和可能。基于不同基因型的苜蓿空间诱变效应及敏感性差异的综合评价，筛选出适合空间诱变的最佳基因型材料将会成为未来研究的热点之一。为了提高搭载材料的诱变效果，今后紫花苜蓿搭载材料有可能由当前的以苜蓿干种子为主向以生物活性更高的活体组织和器官转变，如试管组培苗、愈伤组织等。在搭载材料的选择上，目的也会更加明确。未来科研人员将会依据不同的研究目标，开展精细化选择。对于以空间诱变机理为主的研究，会更倾向于选择遗传背景较为简单或较为清晰、诱变敏感性高的苜蓿材料；对于以培育诱变新品种为主的研究，会侧重于综合性状优良，个体整齐度高、诱变敏感性高的品种或材料。

二、诱变技术和方法

未来会在搭载材料的处理、复合诱变、空间诱变环境精准调控等领域开展研究，并有望取得突破。

（1）诱变材料的预处理和后处理对于提高紫花苜蓿空间诱变效果有显著影响。之前我国已经开展了利用种子水分来调控种子状态提高苜蓿空间诱变效应的预处理技术，并形成了相关技术专利。未来，随着我们对影响诱变效果的关键因素及其作用机理的深入了解，更多的预处理和后处理技术方法将会被逐步引入到紫花苜蓿空间诱变研究，通过单个或多个技术的复合处理，将会大幅提高紫花苜蓿的空间诱变效果和变异效率。

（2）已有的研究表明，地面诱变与空间诱变结合的复合诱变效果要好于单一的空间诱变。因此，在充分了解空间诱变变异特点的基础上，注重复合诱变的技术研究，通过优化地面辐射诱变、化学诱变与空间诱变组合，建立高效的空地一体复合诱变技术和方法，有望成为诱变技术和方法方面的热点。

（3）空间飞行环境是导致苜蓿空间诱变产生的关键。之前的研究受限于航天器的技术水平等各类因素的影响，每次飞行的诱变环境均存在较大差异，不同批次搭载诱变的效果也截然不同，空间诱变技术和方法的可预期性、可重复性相对较差，从而制约了空间诱变技术的标准化。随着空间生物学和航天技术的发展，空间飞行环境和因素可操控性、重复性和可预见性将大幅提高，开展飞行环境对苜蓿空间诱变效应的影响研究将会成为热点。通过深入揭示飞行时间长短、飞行高度、搭载舱内的宇宙重粒子种类及辐射水平、空间微重力等诱变因素对苜蓿诱变效应的影响规律，进一步优化搭载诱变环境，通过精准调控空间诱变因素提高苜蓿空间诱变效果的可预见性将成为可能。

（4）地面模拟诱变　空间诱变因其具有搭载诱变成本高、易受到外空间宇宙环境的影响等缺点，导致其研究与应用受到较多限制。基于我们对空间诱变要素的深入分析和诱变变异形成机理的研究，通过地面模拟空间重粒子、微重力、高真空等复合环境来开展苜蓿空间诱变研究有望成为未来的研究热点方向之一。在系统解析宇宙重粒子组成、粒子能量等信息的基础上，我们可以在地面实验室中，通过精确调控重粒子的粒子组成、粒子能量强度、注入时间、注入计量来研究紫花苜蓿的重粒子诱变效应，相关研究不仅有助于进一步揭示宇宙射线在苜蓿空间诱变中的作用还对地面物理诱变技术方法的发展和完善具有重要指导意义。

三、诱变变异分子机理研究

目前，紫花苜蓿的全基因组测序工作正在进行中，并会在不久的将来完成。依托紫花苜蓿参考基因组，获取特定基因或未知基因的基因组序列和功能注释信息将会变得非常容易，变异基因基因组序列及其位置与功能信息将为未来工作深入揭示苜蓿空间诱变变异的分子机理提供良好的基础。

（1）基于全基因组数据，综合应用转录组学、蛋白组学、代谢组、表型组等现代组学的技术和方法，高通量、大规模开展空间诱变变异关键基因筛选、鉴定和分析，尤其是未知功能的新基因的挖掘与分析，将成为未来苜蓿空间诱变变异机理研究的趋势，从而实现由当前只能以单个或几个变异基因克隆验证为主向大量变异基因高通量功能分析的转变。

（2）在明晰控制变异性状的关键基因功能的基础上，进一步开展其调控的关键代谢途径及互作研究，系统揭示空间诱变变异的分子调控网络将是空间诱变变异研究的前沿热点。

（3）利用细胞显微、亚细胞定位和活细胞染色等技术，在活体植物组织和细胞中研究突变体关键变异基因编码的蛋白产生时间、产生部位、体内运输、在活细胞中的分布及其通过与其他关键因子互作而发挥的生物学功能研究，可能成为未来空间诱变机理研究的重要方向。这些研究将为我们提供更为生动、更为真实的科学证据，推动我们对诱变变异产生的分子基础的认识。

（4）基于表观组学的发展，通过空间诱变突变体的 DNA 甲基化、组蛋白修饰分析，从表观遗传的角度探索和揭示空间诱变变异形成和维持的表观遗传机制也有望将成为该领域研究的潜在热点。

四、突变体筛选

建立高效的突变体鉴别和筛选技术方法是提高紫花苜蓿空间诱变效率、加快育种进程的关键。由于常规田间筛选主要是基于植株表型进行筛选，存在鉴定周期长、成本高、易受环境影响等缺点，急需开发基于遗传标记的辅助选择技术手段和方法。因此开发与突变变异性状密切关联的分子标记，利用分子标记辅助育种技术开展突变体鉴定和筛选将成为紫花苜蓿空间诱变突变体筛选工作未来的发展趋势。基于已有的基因组、转录组等生物大数据，应用全基因组关联分析（GWAS）、基于遗传群体的 QTL 定位等分析方法，开展与变异性状密切关联的分子标记的开发工作有望成为未来的研究热点。在此基础上，利用基因芯片等高通量筛选鉴定技术，开展紫花苜蓿空间诱变突变体的分子标记辅助选择技术和方法研究，将有望成为降低筛选成本、提高筛选效率、缩短筛选时间的有效解决途径。

五、诱变育种

选育新品种是开展紫花苜蓿空间诱变研究的主要目标之一。明确的育种目标、高效的育种主体、成熟的育种技术和方法是提高紫花苜蓿空间诱变培育新品种的数量和质量的关键。因此在今后的紫花苜蓿空间诱变育种工作中，我们应加强育种目标的凝练、高效育种技术和方法的建立和高效育种主体的培育。在育种目标方面，紧密围绕我国农业促进"节本增效、优质安全、绿色发展"的总体方针和要求，在继续重视高产、优质、抗逆、抗病虫等传统育种目标外，还应为满足机械作业、农田休养、土壤修复、家畜高效养殖等不同任务的需求，开发适合机械作业和加工、高效固氮、耐贫瘠、耐铝毒、富硒、钙等营养强化等特色材料的筛选与功能性新品种。在育种技术和方法方面，进一步总结紫花苜蓿空间诱变育种的特点，通过组装凝练，形成具有特色的紫花苜蓿空间诱变育种方法和技术体系。在育种研究工作中，不仅要通过植株高大、多分枝、高生物量等不同类型有益变异材料的筛选和组合，培育新品系和新品种；还要通过空间诱变材料与其他非诱变的优秀材料配置杂交组合，开展杂交育种，培育杂交新品种。在新品种培育主体方面，应注重高质量育种企业的参与，通过打造优势科研院所、高等院校与骨干育种企业的联合研发体，形成涵盖"突变材料筛选与遗传稳定性鉴定—杂交组合配置与新品种选育—新品种良种繁育与推广"等环节的全链条育种研发平台，大幅提高紫花苜蓿空间诱变新品种的数量和质量，以满足我国日益增长的对优质国产紫花苜蓿新品种的需求。

空间诱变是航天科学和生物科学交叉产生的新兴学科。我国是最早开展植物空间诱变变异及其应用研究的国家之一，目前我国相关研究处于国际先进水平，尤其是在突变体基因功能分析、有益突变体筛选与新品种选育等方面处于国际领先水平。作为空间诱变变异研究的重要组成部分，紫花苜蓿空间诱变变异研究虽然起步比较晚，但发展较为迅速，目前已初具规模、初见成效。大力推动紫花苜蓿空间诱变研究，不但将有助于丰富我国的植物空间诱变理论，完善相关诱变技术和方法，推动相关学科发展，而且因其具有突变频率高、变异范围大、且可获得一些罕见的有益突变体等特点，在拓展苜蓿育种理论和方法，培育高产、优质、多抗、特色苜蓿新品种等方面具有重要意义。苜蓿空间诱变研究及其应用有着极其广泛的发展前途和应用前景。今后，建议应进一步重视和加强紫花苜蓿空间诱变研究。首先建议国家、地方政府在今后的科技计划类项目中加大对相关研究的经费投入力度，尤其是对前期研究已初步形成优势团队和专家进行重点支持，鼓励开展苜蓿空间诱变机理探索、诱变技术与方法的完善研究工作，重点支持前期在有益突变体筛选方面已形成良好的基础，通过进一步工作，有望培育出有影响力的新品种的工作。其次，鉴于搭载的高成本性和特殊性，建议利用微信、门户网站等资源，建立紫花苜蓿空间搭载信息平台，及时发布包括搭载时间、可搭载材料种类、数量、联系人等相关信息，建立起航天企业与苜蓿研究人员、育种家之间沟通的桥梁，吸引更多的研究力量进入并从事苜蓿空间诱变研究，并有助于进一步协调和优化搭载材料的配置，实现搭载效益最大化。再次，建议积极推动和开展紫花苜蓿全基因组测序或重测序计划，并以此为基础，开展苜蓿变异基因功能与互作机理、关联分子标记开发与高通量检测平台，推动诱变变异产生和维持的分子机理研究，推动高通量分子标记辅助选择技术平台的建立，提高突变体筛选效率，缩短筛选时间，加快筛选进程；再次，鼓励更多的科研单位和人才团队参与到苜蓿空间诱变研究，以推动相关学科快速发展。鼓励感兴趣且有一定科技研发实力的企业参与进来，进一步加大相关领域研发力量和经费的投入，推动新品种选育、良种繁育与推广应用等工作。最后，建议建立苜蓿空间诱变的产学研一体的联合研究体，加强科研单位、高校与企业的沟通协作，加强顶层设计，注重有影响力的重大成果的培育、推广和应用，加强苜蓿空间诱变技术、苜蓿空间诱变重大成果的宣传力度和社会影响力，全面提升苜蓿空间诱变研究的经济和社会效益。

紫花苜蓿空间诱变作为新兴的诱变育种技术，经过近几十年的发展，其相

关技术和方法已初具雏形，正在得到越来越多的科研人员、育种家和社会公众
的关注和支持，展现出了蓬勃的发展活力和无限的发展潜力。现代航天技术、
生物技术、信息技术和育种技术的发展，为紫花苜蓿空间诱变带来了前所未有
的发展机遇，我们应在已有的基础上，进一步加强苜蓿空间诱变方面的研究和
应用工作，加大空间诱变研究成果的宣传力度，提高其社会和公众的影响力，
我们有理由相信在科研人员的共同努力下，在不久的未来我国紫花苜蓿空间诱
变工作定会取得更大的成绩。